SCHÄFFER
POESCHEL

Dominik Bachmair/Stephanie Metz/Daniel Zacher

Empowerment für Teams

Agil und selbstorganisiert – wie Teams noch erfolgreicher werden

1. Auflage
Schäffer-Poeschel Verlag Stuttgart

Bibliografische Information der Deutschen Nationalbibliothek

Die Deutsche Nationalbibliothek verzeichnet diese Publikation in der Deutschen Nationalbibliografie; detaillierte bibliografische Daten sind im Internet über http://dnb.dnb.de/ abrufbar.

Print: ISBN 978-3-7910-5380-6 Bestell-Nr. 10807-0001
ePub: ISBN 978-3-7910-5381-3 Bestell-Nr. 10807-0100
ePDF: ISBN 978-3-7910-5382-0 Bestell-Nr. 10807-0150

Dominik Bachmair/Stephanie Metz/Daniel Zacher
Empowerment für Teams
1. Auflage, Januar 2022

www.schaeffer-poeschel.de
service@schaeffer-poeschel.de

Cover und Illustrationen: Sandy Lorenz

Produktmanagement: Dr. Frank Baumgärtner
Lektorat: Barbara Buchter, extratour, Freiburg

Schäffer-Poeschel Verlag Stuttgart
Ein Unternehmen der Haufe Group SE

SCHÄFFER POESCHEL **myBook**

Ihr Online-Material zum Buch

Auf unserer SP-myBook-Seite finden Sie die Abbildungen und Checklisten aus diesem Buch, die Sie bei der praktischen Arbeit mit dem Thema Empowerment in Ihrem Team unterstützen können.

So funktioniert Ihr Zugang

1. Gehen Sie auf das Portal sp-mybook.de und geben den Buchcode ein, um auf die Internetseite zum Buch zu gelangen.
2. Oder scannen Sie den QR-Code mit Ihrem Smartphone oder Tablet, um direkt auf die Startseite zu kommen.

SP myBook:
www.sp-mybook.de
Buchcode: 5380-EmTe

Inhaltsverzeichnis

1 Einführung – Aus der Praxis für die Praxis

Wie Sie dieses Buch gemeinsam als Team nutzen können

Empowerment heißt, anderen Freiräume, Einfluss und Macht zu geben. Wir haben dieses Buch für alle Teams geschrieben, die Empowerment sinnvoll nutzen wollen. Teams, die eigenständig, agil und erfolgreich arbeiten möchten. Dieses Buch ist entstanden aus unserer Arbeit als Teamcoaches. Wir begleiten viele Teams in der Umsetzung von Empowerment, wir hören ihre Fragen, kennen die Herausforderungen des Alltags und entwickeln gemeinsam mit ihnen Lösungen. Auf der Suche nach hilfreichen Ansätzen nutzen wir unsere Erfahrung aus der Praxis und haben kontinuierlich neue Bücher oder akademische Studien gescannt. Doch es gibt so viel, dass wir und die Teams das Gefühl hatten, im agilen Empowerment-Dschungel verloren zu gehen. In diesem Moment haben wir uns die Frage gestellt: Was ist die Essenz, worum geht es im Kern, was brauchen empowerte Teams wirklich, um erfolgreich arbeiten zu können? Dieses Buch ist unsere Antwort. Aus der Praxis für die Praxis. Ansätze, die Teams direkt umsetzen können. Wir vermitteln Wissen und Tools, damit Sie als Team ihre Teamentwicklungsreise gestalten können.

Abb. 1: Wie Sie mit diesem Buch arbeiten können

Wie dieses Buch funktioniert

Unser Motto: ausreichend Theorie als solides Fundament und richtig viel Platz für die praktische Anwendung, damit Sie direkt loslegen können. Unser Anspruch: eine fundierte »Gebrauchsanleitung« für Empowerment – konkret, schnell, nachhaltig. Alle Kapitel des Buches sind so gestal-

1

tet, dass Sie eine kurze theoretische Einführung erhalten, warum das jeweilige Thema relevant ist. Anschließend stellen wir praxiserprobte Methoden und Tools vor. Da unser Hauptaugenmerk auf der Praxis liegt, geben wir Tipps und Beispiele erfolgreicher Teams als Anregung. Alle Beispiele haben wir im Rahmen dieses Buches vereinfacht dargestellt und anonymisiert. Wer gerne in die Themen tiefer einsteigen möchte, erhält von uns am Ende der Kapitel weiterführende Tipps für eine vertiefende Lektüre.

Aufbau des Buches

Den ersten Teil des Buches nennen wir **Startpunkt**. Hier legen wir das Fundament für empowerte Teams, damit sie in das Thema Empowerment einsteigen können:

- **Big Shift@Work – Warum Empowerment ein strategischer Schlüsselfaktor ist.** In diesem Kapitel gehen wir auf die steigende Bedeutung von Empowerment in einer sich dynamisch ändernden Arbeitswelt ein. Und wir beantworten die Frage, ob es sich nur um einen aufgebauschten Hype oder einen nachhaltigen Trend handelt. Wir sind überzeugt, dass Teams ein gemeinsames Verständnis davon brauchen, wie sich unsere Arbeitswelt derzeit verändert und warum Empowerment für viele Unternehmen ein wesentlicher Faktor zum Erfolg ist. (siehe Kap. 2.1)
- **Standortbestimmung – Wie viel Empowerment ist sinnvoll für Ihr Team?** Direkt im Anschluss werden Sie zum ersten Mal aktiv. Machen Sie eine Standortbestimmung: Wie empowert ist Ihr Team heute und wie viel Empowerment braucht es in Zukunft? (siehe Kap. 2.2)
- **Die Team-Empowerment-Landkarte – Wie Sie die Teamentwicklungsreise starten.** Die Team-Empowerment-Landkarte ist eine visuelle Zusammenfassung des Buches. Sie dient der schnellen Orientierung für Ihre Teamentwicklungsreise. Das Verständnis von Empowerment und das Wissen um die Teamroutinen machen ein Drittel des Erfolgs aus. Die beiden anderen Drittel bestehen aus der gemeinsamen Umsetzung. Wie Teams diese gruppendynamische Reise gestalten können, darum geht es in diesem Kapitel. (siehe Kap. 2.3)
- **Prinzipien – Erfolgsvoraussetzungen für empowerte Teams.** Das Kapitel beschreibt, welche Grundlagen geschaffen werden müssen, damit die Teams erfolgreich arbeiten können. Es handelt sich hier um Prinzipien und Überzeugungen, die im ganzen Unternehmen gelebt werden, damit die Teamroutinen greifen. Es sind Rahmenbedingungen, die wir schaffen, sonst verlieren die Teams schnell ihre Energie. (siehe Kap. 2.4)

In Teil 2 **Teamroutinen** geht es an die Arbeit. Hier stellen wir Ihnen die sieben wichtigsten Teamroutinen vor. Es handelt sich um die Kombination aus Prozessen, Methoden und Arbeitsweisen. Wir sprechen von Routinen, weil die Teams damit kontinuierlich arbeiten und sie auf die eigenen Bedürfnisse anpassen:

- Mission und Purpose – Was ist unser Nordstern? (Kap. 3.1)
- Reframing Authority – Wie viel Freiheit haben wir? (Kap. 3.2)
- Flexible Roles – Wer trägt welchen Hut? (Kap. 3.3)
- Agile Goals – Was ist unser Fokus? (Kap. 3.4)
- Dynamic Meetings – Wie arbeiten wir zusammen? (Kap. 3.5)
- Fast Decisions – Wie treffen wir robuste Entscheidungen? (Kap. 3.6)
- Financial Accountability – Woran messen wir unseren Erfolg? (Kap. 3.7)

Teil 3 rundet dieses Buch ab mit **Themen, die uns im Zusammenhang mit Empowerment wichtig sind**:

- **Führung im empowerten Team** (Kap. 4) ist für alle Manager und Managerinnen relevant, die sich fragen, was ihr Beitrag zum Erfolg eines empowerten Teams ist. Oft wird ja unterstellt, dass wir im Rahmen von Empowerment keine Führung mehr bräuchten. Das Gegenteil ist der Fall. Empowerte Teams brauchen sogar mehr Führung, jedoch in einer anderen Art und durch ein verändertes Vorgehen. Führungskräfte spielen eine wesentliche Rolle, wenn es darum geht, das Spielfeld für die Teams zu bereiten, und sind damit entscheidend für das Gelingen der Reise.
- **Hybrid Team Work** (Kap. 5): Als wir dieses Buch geschrieben haben, steckten wir alle mitten in der Pandemie und der erzwungenen virtuellen Arbeitsweise. So gravierend die Folgen der Pandemie auch waren, in jeder Krise liegt eine Chance. Corona war für Teams das Trainingslager für neues, virtuelles Arbeiten. Die meisten Teams werden auch künftig hybride Arbeitsformen für sich nutzen, also teilweise gemeinsam im Büro arbeiten und teilweise virtuell. In diesem Kapitel zeigen wir, wie Teams für sich die richtige Balance zwischen Büro und Homeoffice finden und wie sie die Teamroutinen virtuell sinnvoll gestalten können.
- Wir drei Autoren, Stephanie, Daniel und Dominik, sind überzeugt von Empowerment. Wir sind aber auch Realisten und wissen, dass es durchaus eine Herausforderung ist, Empowerment so zu leben, dass es persönlich und unternehmerisch sinnvoll ist. Anstelle einer Zusammenfassung möchten wir am Ende des Buches drei Geschichten erzählen, die Mut machen (Kap. 6).

1

Diversity ist ein weiterer Megatrend der Arbeitswelt, der uns beim Schreiben beeinflusst hat. Wir stehen für Diversität in vielen Aspekten: Gender Diversity, Herkunft oder sexuelle Orientierung. Und wir glauben daran, dass Unternehmen wichtige Plätze sind, an denen alle so, wie sie sind und sein wollen, arbeiten können und sich wohlfühlen. Wir wollen auch in diesem Buch Diversity berücksichtigen und eine angemessene Sprache nutzen. Um die Lesbarkeit zu erhalten, haben wir uns entschieden, mal die männliche und mal die weibliche Schreibweise zu nutzen. Gemeint sind immer alle Menschen.

Teil 1: Startpunkt

2 Das Fundament für empowerte Teams

2.1 Big Shift@Work – Warum Empowerment ein strategischer Schlüsselfaktor ist

Geht es Ihnen auch so, dass Sie ständig Begriffe wie Empowerment oder Agilität hören und sich still und heimlich fragen, worum es hier eigentlich geht? Und warum jeder darüber spricht? Sind das nur aufgebauschte Management-Hypes oder ernst zu nehmende Trends? Die Antwort ist eindeutig: Es ist ein nachhaltiger Trend. Wir erleben derzeit einen tiefgreifenden Wandel der Arbeitswelt, der neue Möglichkeiten schafft und neue Anforderungen an Teamarbeit stellt. Alle uns bekannten Unternehmen entwickeln sich weg von strenger Hierarchie und Bürokratie hin zu mehr Eigenverantwortung, neuen agilen Methoden, Teamarbeit und Geschwindigkeit. Empowerment und Agilität sind demnach Kernelemente dieser Veränderung.

Big Shift@Work – Wie sich die Arbeitswelt verändert

Dieser Trend ist keine Erfindung von Beratern, sondern die notwendige Antwort auf neue Rahmenbedingungen, in denen Unternehmen handeln und Menschen arbeiten. Die Veränderungsdynamik in Wirtschaft und Gesellschaft ist heute deutlich größer als früher. Dementsprechend passen wir die Art, wie wir arbeiten, darauf an. Griffig wird dieser Trend mit einem Beispiel: Denken Sie an Versandhandel. Die Generation der Babyboomer (1945–1965) und die Generation X (1965–1985) kannten noch den Katalog von Quelle, Neckermann, Otto und anderen. Der wurde nach Hause geschickt und die ganze Familie konnte in Ruhe darin blättern. Die Generation Y, geboren in den 1980er und 1990er Jahren, ist schon mit dem Onlineversandhandel aufgewachsen und war daran gewohnt, immer das Neueste gleich bestellen zu können. Die Generation Z (Mitte der 1990er Jahre bis 2010), die jetzt in den Arbeitsmarkt kommt, kann aus einer Fülle von Lieferdiensten auswählen. Was für uns als Kunden und Kundinnen schnelleren und einfacheren Service bedeutet, hat gravierende Auswirkungen auf die Art, wie in den Unternehmen gearbeitet wird. In der Ära der Kataloge wurde in Ruhe geplant, die Ware geordert, der Katalog gedruckt und dann ausgeliefert. Es gab klare Prozessbeschreibungen für die Arbeitsabläufe, an denen sich alle orientieren konnten. Außerdem wurde ein hierarchisches Führungsmodell gelebt: die Führungskraft als Supervisor, die Qualität und Umsetzung kontrolliert. Mit dem Onlineversandhandel musste alles schneller gehen

2

und die Unternehmen flexibel auf Kundenwünsche oder neue Angebote der Konkurrenz reagieren. Prozesse waren schneller veraltet, als sie beschrieben werden konnten. Vorgesetzte waren nicht mehr in der Lage, alle Themen im Detail zu übersehen und für alles Entscheidungen zu treffen. Sie wurden oft zum »Flaschenhals« für Entscheidungen und haben damit die Arbeit verlangsamt. Das Beispiel des Versandhandels ist kein Einzelfall. Als Gesellschaft haben wir uns mittlerweile weit entfernt von den Standards der Industriegesellschaft und sind ein gutes Stück angekommen im Wissens- und Servicezeitalter.

Dynamische Organisationen für dynamische Märkte

Nehmen wir uns einen Augenblick Zeit für eine grundsätzliche Betrachtung: Unternehmen müssen sich immer so aufstellen, dass sie in ihren Märkten, d. h. mit ihren Kunden und Partnern gut zusammenarbeiten können. Lange Zeit waren diese Märkte stabil, heute sind sie dynamisch. Früher konnten Unternehmen geplanter agieren, heute müssen sie sich ebenfalls dynamisch aufstellen. Darüber hinaus sind auch die Komplexität und die Unvorhersehbarkeit Treiber für eine neue Arbeitsweise. Ein Beispiel, um zu verdeutlichen, was stabil und dynamisch heißt, sind die Automobilhersteller. Früher gab es Benziner und Diesel, Limousine und Kombi. Doch dann kam die Digitalisierung, mit ihr Tesla, der Elektroautoboom und eine enorme Modellvielfalt. Das hat auf die Autoindustrie wie ein Turbo gewirkt. Die Automobilhersteller von heute haben eine riesige Modellpalette von Verbrennungsmotoren über Elektroautos bis zu Wasserstoffantrieb. Sie bieten Autos zum Kauf, als Leasing und mittlerweile auch als Abonnement. Sie müssen schneller und innovativer werden, weil der Markt, also wir Kunden, es verlangt. Dieser Trend trifft auf viele Unternehmen zu: Versicherungen arbeiten an Smartphone-Apps für den Kauf einer Police, Supermärkte entwickeln Bestell-Apps für den Lieferservice und Mediziner versuchen sich an Telemedizin.

In einem so dynamischen Umfeld funktionieren traditionelle Arbeitsweisen nur noch sehr bedingt. Unternehmen mit einer strengen Hierarchie und vielen bürokratischen Regeln sind sehr gut für Effizienz und verlässliche Produkte. Sie sind dagegen furchtbar schlecht in Veränderung und Innovation. Beispiele für Unternehmen, die sich zu spät umgestellt haben, gibt es viele, etwa den Versandhändler Quelle, Kodak oder Nokia. Sie alle waren zu starr und zu hierarchisch.

2.1.1 Arbeitsweisen für die Phase großer Veränderungen

Empowerment und Agilität beschreiben eine Arbeitsweise, die besser in die heutige Zeit der großen Veränderungen passt:

- Teams erhalten mehr Freiheiten, um selbst zu entscheiden. Es gilt die Faustregel, je mehr Entscheidungen auf der Arbeitsebene von den Teams selbst getroffen werden, desto höher ist die Geschwindigkeit. Voraussetzungen sind jedoch, dass die Teams die notwendige Expertise und die erforderlichen Fähigkeiten besitzen. Und der strategische Handlungsrahmen muss klar sein. Ansonsten entstehen Überforderungen und Chaos und das führt in der Folge zu einer dramatischen Verlangsamung.
- Teams sind näher an ihren Kunden. Sie leben direkten Kundenkontakt, statt Aufträge des Managements abzuarbeiten. Dadurch erkennen Sie Veränderungen bei den Kunden schneller und können darauf reagieren. Im Idealfall leben die Teams eine Co-Creation-Beziehung mit ihren Kunden, sie entwickeln gemeinsam im engen Austausch neue Produkte.
- Durch agile Arbeitsweisen und ein agiles Mindset können Teams flexibler ihre Produkte oder Dienstleistungen weiterentwickeln. Agil bedeutet hier zunächst arbeiten in schnellen Iterationen. Statt wie früher lange zu planen, arbeiten die Teams in Sprints, probieren aus, testen, lernen und entwickeln dadurch schneller. Zu den agilen Arbeitsweisen gehört auch eine offene Kommunikationskultur mit gegenseitigem Feedback.

Selbstredend sind für Erfolg noch weitere Faktoren wichtig: Talent, Ideen, Kompetenz – aber die Arbeitsweisen sind eben ein wesentlicher Bestandteil.

Agilität und Empowerment kurz erklärt

Agilität

Agilität ist die Fähigkeit, Veränderungen im Umfeld frühzeitig wahrzunehmen, proaktiv zu gestalten und neue Lösungen schnell umzusetzen. Wer agil arbeitet, braucht:

- *ein agiles Mindset:* eine offene Einstellung gegenüber allem Neuen;
- *agile Methoden:* Werkzeuge, die helfen, schneller und flexibler zu arbeiten.

2

Empowerment

Empowerment im Geschäftskontext ist die Freiheit, das zu tun, was wir für sinnvoll erachten, und die Kontrolle über das eigene Tun zu erhalten. Wir unterscheiden zwei Ebenen von Empowerment:

- *Strukturelles Empowerment:* Das Team hat die Freiheit und die Entscheidungsbefugnis.
- *Psychologisches Empowerment:* Das Team fühlt sich kompetent und sicher, die Freiheiten zu nutzen.

2.1.2 Neue Erwartungen an Arbeit und Arbeitgeber

Ein dynamisches Umfeld erfordert dynamische Arbeitsweisen. Doch der Big Shift@Work wird noch von einer weiteren Veränderung angetrieben: Vor allem in den westlichen Nationen haben viele Menschen veränderte Erwartungen an Arbeit und Arbeitgeber. Die Generationen Y und Z sind nicht nur mit dem Internet aufgewachsen, sondern auch mit einer anderen Idee von Freiheit und Selbstbestimmung am Arbeitsplatz. Diese äußert sich vor allem in dem Wunsch nach flexibler Arbeitsgestaltung, Mitbestimmung und Autonomie. Oder wie uns ein Mitglied der Generation Z neulich erklärte: »Wir möchten nicht ständig gesagt bekommen, was und wie wir Aufgaben erledigen. Wir möchten hier gerne ein Wörtchen mitreden.« Sehr hierarchische und bürokratische Unternehmen haben mittlerweile große Schwierigkeiten, Talente für sich zu gewinnen. Dagegen punkten Unternehmen mit einer Kultur der Offenheit, die Möglichkeiten zur Mitgestaltung genauso wie flexible Arbeitsmodelle bieten.

Der Big Shift@Work hat also zwei Kernaspekte: Dynamische Märkte erfordern dynamische Arbeitsweisen in den Unternehmen. Und neue Generationen haben eine veränderte Erwartung an Arbeit. Empowerte Teams sind eine Antwort auf den Big Shift@Work und deshalb ein strategischer Schlüsselfaktor. Wenn die Teams gut funktionieren, sind Unternehmen erfolgreicher.

2.2 Standortbestimmung – Wie viel Empowerment ist sinnvoll für Ihr Team?

Empowerment ist nicht wie ein Lichtschalter, den man nur an oder ausschalten kann. Es geht nicht um empowert oder nicht empowert, sondern um den richtigen Grad. Dabei gilt wie oben beschrieben die Faustregel: Je dynamischer das Umfeld des Teams, desto mehr Empowerment ist sinnvoll.

Und wo stehen Sie mit Ihrem Team? Wir beschreiben für Ihre Standortbestimmung drei Grade von Empowerment, die Sie zur Orientierung nutzen können:

- Ein mittlerer Grad an Empowerment sind managergeführte Teams. Diese sind geeignet für ein Umfeld, das geprägt ist durch niedrige Dynamik, geringe Veränderung und stabilen Wettbewerb.
- Ein hoher Grad an Empowerment sind empowerte Teams. Diese sind geeignet für ein Umfeld von hoher Dynamik, viel Veränderung und starken Wettbewerb.
- Ein sehr hoher Grad an Empowerment wird durch autonome Teams repräsentiert. Diese eignen sich für eine sehr hohe Dynamik, disruptive Veränderung und Hyper-Wettbewerb.

Abb. 2: Grad des Empowerments

2

2.2.1 Managergeführte Teams

Managergeführte Teams entsprechen den traditionellen Teams, wie wir sie in vielen Unternehmen seit Langem kennen. Manager legen die Ziele fest und delegieren Aufgaben an die Teammitglieder. Die Kontrolle zu Umsetzung und Qualität liegt ebenso bei den Managern wie die Entscheidungsbefugnis. Meetings werden vom Manager moderiert, Personaleinstellungen sind ausschließlich Sache der Vorgesetzten. Es handelt sich um einen mittleren Grad des Empowerments, die Teams konzentrieren sich auf die Umsetzung von Vorgaben.

Abb. 3: Beispiel für ein managergeführtes Team

BEISPIELE

Managergeführte Teams

In der Logistik eines großen Supermarktkonzerns arbeitet ein Team im Lager in Düsseldorf. Seine Aufgabe besteht darin, im Rahmen festgelegter Prozesse Waren für die Lkw bereitzustellen. Das ist eine Mischung aus Handarbeit und Kontrolle der Maschinen, die automatisiert Waren aus den Regalen auf Paletten sortieren. Insgesamt besteht in der Logistik immer Zeitdruck und es ist viel zu tun, dennoch herrscht eine grundsätzliche niedrige Umfelddynamik: Es gibt kaum Veränderungen in den Abläufen, auch der Wettbewerb ist gering, da die Logistik anderer Supermärkte ähnlich funktioniert. Unser Logistikteam besteht aus acht Mitarbeitern. Sie werden von Uwe als Teamleiter geführt, dessen Aufgaben aus Einsatzplanung und Festlegen der Ziele bestehen. Uwe legt einerseits Produktivitätsziele fest, andererseits Verbesserungsziele. Das Team muss kontinuierlich den Prozess optimieren und so effizienter werden. Produktivität und Effizienz werden vom Teamleiter gemessen. Das Team trifft sich jeden Morgen zu einem Daily-Stand-up-Meeting. Alle stehen vor

dem Whiteboard, Uwe moderiert das Meeting und alle berichten kurz von Problemen oder offenen Fragen, gemeinsam werden Lösungen vereinbart. Anschließend gehen alle an ihre Arbeit und setzen das Besprochene um. Einmal im Monat gibt es ein KVP-Meeting. Hier wird im Rahmen des kontinuierlichen Verbesserungsprozesses (KVP) der Prozess analysiert und in einem Brainstorming werden Verbesserungsideen gesammelt. Uwe ist offen für alle Ideen, aber am Ende entwickelt er daraus einen Umsetzungsplan. In diesem Team hat Uwe als Teamleiter eine stark steuernde und inhaltliche Aufgabe. Das Team selbst hat dadurch einen sehr klaren Handlungsrahmen und konzentriert sich auf die Umsetzung. Die Teamkultur ist geprägt von einem guten Miteinander, einer kollegialen Kommunikation und vor allem von einem starken Fokus auf Umsetzung und Effizienz.
Weitere Beispiele für managergeführte Teams sind Personalabrechnung, Serviceteams, Laborteams in Pharmaunternehmen oder Callcenter.

2.2.2 Autonome Teams

Autonome Teams sind das Gegenstück zu managergeführten Teams. Hier gibt es keine traditionellen Manager mehr. Die Teams verhandeln selbst die Ziele mit der Unternehmensführung, entscheiden eigenständig über Aufgabenverteilung und kontrollieren sich selbst. Meetings werden unter Einsatz von agilen Methoden im Team moderiert, wesentliche Entscheidungen werden gemeinsam getroffen, so zum Beispiel auch zu Personaleinstellungen. Autonome Teams leben den höchsten Grad des Empowerments. Sie sind vor allem für den Innovationsbereich mit einer sehr hohen Dynamik im Umfeld geeignet. Häufig werden autonome Teams eingesetzt, wenn es nicht mehr nur um die Weiterentwicklung und Optimierung geht, sondern um disruptive, also sprunghafte Veränderungen. Hier sprechen wir von einem Musterbruch, wenn sich Geschäftsmodelle oder Technologien komplett ändern und dadurch ganze Märkte auf den Kopf gestellt werden. Beispiele dafür waren der Übergang von der analogen auf die digitale Fotografie oder der Wechsel vom einfachen Handy zum Smartphone. Hier ging es nicht mehr um die Verbesserung des Bestehenden, sondern um eine Neuentwicklung. Meist geht das mit sogenanntem Hyper-Wettbewerb einher, wenn plötzlich viele neue aggressive Wettbewerber am Markt agieren.

Autonome Teams erhalten den höchsten Freiheitsgrad. Sie sollen schnell handeln und gänzlich neu denken. Es geht hier nicht in erster Linie um Effizienz, sondern um radikale Kundenorientierung und Innovation. Und gleichzeitig sind sie aufgrund der hohen Anforderungen an Zusammenarbeit oft herausfordernd. Teammitglieder benötigen eine sehr ausgeprägte Sozial- und Methodenkompetenz in Ergänzung zu ihrer fachlichen Expertise. Nur so können sie wirklich erfolgreich arbeiten. Daher sind autonome Teams in Unternehmen eher die Ausnahme.

Abb. 4: Ein App-Entwicklungsteam als Beispiel für ein autonomes Team

BEISPIELE

Autonome Teams

In IT-Abteilungen arbeiten Innovationsteams häufig in der Form eines autonomen Teams. Sie erhalten Freiräume, um technologische Innovationen zu gestalten. Hier ein Beispiel aus einer Bank: Die Bank wollte eine Smartphone-App entwickeln, mit der Kundinnen und Kunden alle Bankgeschäfte direkt abwickeln können. Managergeführte Teams, die diesen Auftrag zunächst erhalten hatten, versuchten diese Lösung innerhalb der bestehenden Technologie zu entwickeln. Sie hielten sich an die Vorgaben, eine gute Optimierung der bestehenden Lösungen zu bauen. Diese fiel jedoch bei den Kunden durch.

In der Folge wurde der Auftrag an ein neu gebildetes Team gegeben. Dieses arbeitete wie ein internes Start-up. Es hatte eigene Räume, um schon hier den Unterschied zum gewohnten Umfeld zu markieren. Das Team hatte auch ein eigenes Budget zur Verfügung. Alle Personen, die für die App-Entwicklung erforderlich waren, wurden Teil des Teams. In enger Abstimmung mit Testkunden arbeitete das Team in Sprints. Jeder Sprint dauerte vier Wochen, danach stand der erste Prototyp, der mit den Kunden getestet werden konnte. Das im Test Gelernte wurde im nächsten Sprint wieder eingearbeitet und vier Wochen später stand der zweite Prototyp. Das autonome Team hatte sich selbst einen Meetingrhythmus gegeben: Jeden Montag fand ein Weekly statt, ein Meeting zur Abstimmung und Koordination. Moderiert wurde es durch einen Team-Coach, der aber keine disziplinarische Führungsfunktion innehatte. Alle vier Wochen nach den Sprints wurden eigenständig Retrospektiven durchgeführt, in denen sich das Team Feedback zur Zusammenarbeit gab. Als ein neues Teammitglied eingestellt wurde, haben Abgesandte des Teams die Einstellungsgespräche geführt. Autonome Teams erhalten große Freiräume, damit sie innovativ und nah an den Kunden arbeiten können. Sie sollen sich nicht auf Vorgaben aus dem Management konzentrieren, sondern konkrete Geschäftsideen entwickeln und umsetzen. Das erfordert von jedem Teammitglied eine hohe persönliche Reife und Disziplin.

2.2.3 Empowerte Teams

Wir konzentrieren uns in diesem Buch auf empowerte Teams, weil diese derzeit in Unternehmen am häufigsten sinnvoll eingesetzt werden.

Empowerte Teams befinden sich zwischen managergeführten und autonomen Teams. Das empowerte Team hat hohe Freiheitsgrade. Hier vereinbaren der Manager und das Team die Ziele gemeinsam. Die Aufgabenverteilung, Teammeetings und Kontrolle werden durch das Team gestaltet. Jeder im Team hat abwechselnd den Hut für eine Aufgabe auf. Mit dem Manager oder der Managerin vereinbart das Team regelmäßige Treffen, um den Fortschritt zu besprechen und ggf. Anpassungen vorzunehmen. Die Annahme ist: Das Team weiß selbst am besten, wie es die Zusammenarbeit gestalten muss, um die Ziele zu erreichen. Die Verantwortung der Manager liegt im Coaching der Teams und darin, die erforderlichen Rahmenbedingungen zu schaffen.

2

Abb. 5: Transformation Team

BEISPIELE

Empowerte Teams

Ein Unternehmen aus der Medizinbranche befindet sich in einer grundlegenden Transformation. Das Geschäftsmodell verändert sich vom Verkauf einzelner Produkte zu vernetzten digitalen Lösungen. Voraussetzung für dieses Modell ist, dass auch die Menschen in der Organisation vernetzt arbeiten: weg von strengen hierarchischen Silos, hin zu vernetzten, eigenverantwortlichen Teams. Der Vorstand und das oberste Managementteam sind verantwortlich für die Gestaltung der Transformation. Sie müssen die Weichen stellen. Gleichzeitig hat der Vorstand ein crossfunktionales Transformationsteam ins Leben gerufen. Dessen Mission ist, Ideen für die Transformation zu entwickeln und gemeinsam mit Menschen aus der Organisation umzusetzen. In diesem Transformationsteam sind der Projektleiter, die Personalleiterin, eine Mitarbeiterin aus der Personalentwicklung, der Chef der Kommunikationsabteilung und eine Mitarbeiterin aus dem Marketing. Der Vorstand nimmt zwar immer wieder an Meetings teil, doch das Team ist empowert, im Rahmen klar abgesteckter Bedingungen eigenverantwortlich zu arbeiten.

Im Team selbst sind unterschiedliche Hierarchieebenen vertreten. Das spielt in der Teamarbeit allerdings keine Rolle, denn in diesem Team sind alle gleich.

Das Team entscheidet, wie es arbeitet, also wie oft es sich trifft, wie es zu Entscheidungen kommt und wie sich die Teammitglieder auf dem Laufenden halten. Das Team ist empowert, Vorschläge zu machen, die unter Umständen für das Management auch unbequem sind. Anders als traditionelle Projektteams ist es also kein reines Umsetzungsteam, sondern hat einen klaren Auftrag: eigenverantwortlich die Transformation zu entwickeln und umzusetzen. Weitere Beispiele für empowerte Teams: Viele Vertriebsteams arbeiten als empowertes Team. Die Teams klären mit einem Regionalleiter die Ziele und entwickeln dann selbstständig Umsetzungsfahrpläne. Sie entscheiden auch selbst, wie sie im Team kommunizieren und sich auf dem Laufenden halten. Buchhaltungsteams arbeiten für ihre Routineaufgaben oft als managergeführtes Team, wenn es jedoch um digitale Weiterentwicklung geht, werden häufig empowerte Teams gegründet. Im Personalbereich arbeiten HR-Business-Partner-Teams so. Viele empowerte Teams finden sich auch im Produktmanagement.

2.2.4 Standortbestimmung

In der nachfolgenden Übersicht in Abbildung 7 sehen Sie noch einmal die drei Empowerment-Team-Arten. Schätzen Sie sich ein, wie Sie heute arbeiten und wie Sie morgen arbeiten wollen. Das gibt Ihnen für den Start einen guten ersten Eindruck, was Sie bereits an Erfahrung und Stärken mitbringen und worauf Sie bei der weiteren Lektüre besonders achten sollten.

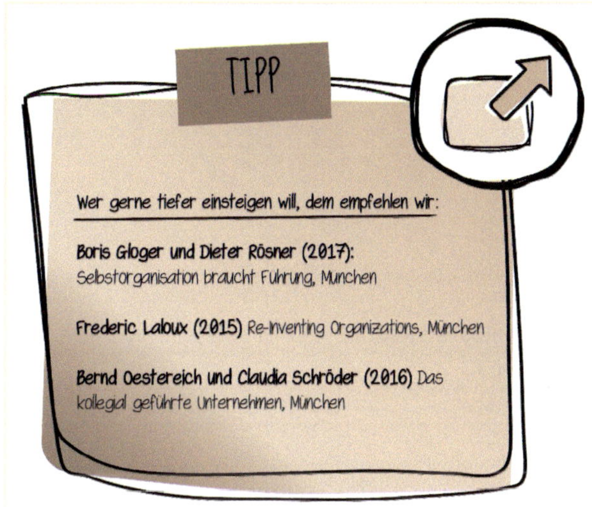

Abb. 6: Links für alle, die tiefer einsteigen wollen

Ziele	Vorgaben vom Manager	Team und Manger vereinbaren Ziele	Team legt Ziele fest
Aufgabenverteilung	Durch den Manager	Im Team	Im Team
Kontrolle	Durch den Manager	Im Team und Abstimmung mit Manager	Im Team
Meetings	Moderiert durch den Manager	Im Team	Im Team

Abb. 7: Standortbestimmung Empowerment

2.3 Die Team-Empowerment-Landkarte – Wie Sie die Teamentwicklungsreise starten

Wir nutzen gerne die Analogie der Reise, denn wenn Teams zu einer Einheit zusammenwachsen und Empowerment gemeinsam leben, handelt es sich um einen Teamentwicklungsprozess.

Die Team-Empowerment-Landkarte unterstützt Sie dabei, den Weg zu einem empowerten Team zu finden.

Abb. 8: Die Team-Empowerment-Landkarte

Sie können dieses Buch und die Teamlandkarte in zwei Situationen nutzen:

- Teams, die ihre Empowerment-Reise gerade beginnen, arbeiten die Teamroutinen von Anfang bis Ende systematisch durch.
- Wenn Ihr Team den Eindruck hat, bereits gut unterwegs zu sein, und den nächsten Schritt sucht, dann nutzen Sie die Team-Empowerment-Landkarte als Standortbestimmung. Arbeiten Sie so gezielt an einzelnen ausgewählten Teamroutinen.

2.3.1 Kopf, Hand und Herz – Wovon der Erfolg eines Teams abhängt

Das Wissen um Teamroutinen und Erfolgsfaktoren macht ein Drittel des Erfolgs aus, der Rest kommt durch die gemeinsame Umsetzung. Wir sprechen hier von einer Teamentwicklungsreise mit einem klaren Ziel und sicher einigen Überraschungen. Denn damit aus einer Gruppe von Individuen ein erfolgreiches, empowertes Team wird, braucht es Kopf, Hand und Herz. Wir müssen nicht nur verstehen, woran wir arbeiten und was wir erreichen wollen (Kopf), sondern auch, wie wir sinnvoll zusammenarbeiten (Hand) und wie wir eine gute Beziehung gestalten und Vertrauen aufbauen (Herz). Wenn das gelingt, nennen wir diesen Zustand in der Fachsprache Teamkohäsion. Hier ist bekanntermaßen das Ganze plötzlich mehr als die Summe der Einzelteile.

Anders als in den exakten technischen Wissenschaften geht es nicht um die strikte Anwendung von Wissen in Form von Regeln. Wir nutzen Wissen – in unserem Buch die Teamroutinen – als Leitplanken und gestalten damit das Miteinander. Am Ende fragen wir nicht »Haben Sie alles im Detail richtig umgesetzt?«, sondern »Haben Sie es angepasst und funktioniert es für Sie im Team?«. Es geht um einen gruppendynamischen Prozess oder, in anderen Worten, um die Psychologie von Teams. Wie diese funktioniert, möchten wir Ihnen gerne in diesem Kapitel erläutern, damit Sie auf Ihrer Reise nicht überrascht werden, sondern wissen, dass bestimmte Gruppenphänomene »normal« sind und dazugehören. So sind zum Beispiel nicht alle Teammitglieder am Anfang begeistert und voll bei der Sache, sondern vielleicht eher distanziert und abwartend. Auch können Sie davon ausgehen, dass es auf Ihrer Reise zu Konflikten kommen wird und am Ende dieses Kapitels wissen Sie, warum das ein gutes Zeichen ist. Aber der Reihe nach.

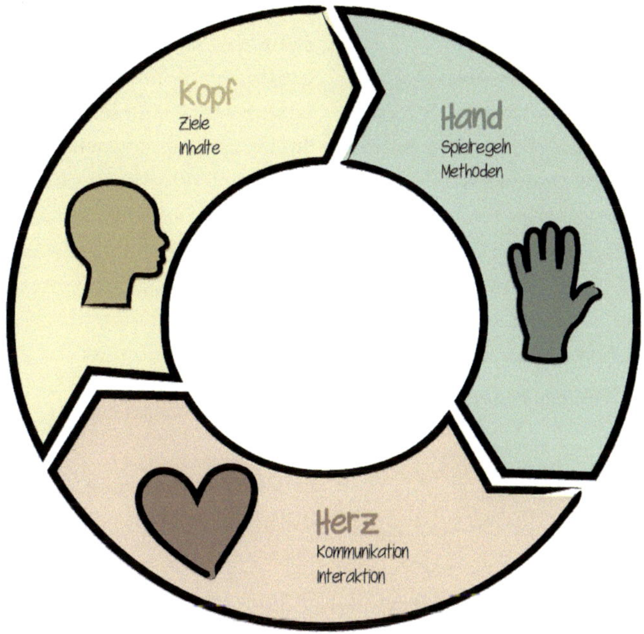

Abb. 9: Teamkohäsion

2.3.2 Die emotionale Unterwelt von Teams – das Unbewusste bewusst machen

Beginnen Sie Ihre Teamentwicklungsreise mit den Prinzipien, sie bilden das Fundament für empowerte Teams. Mit diesem Schritt können Sie das Unbewusste bewusst machen. Wenn ein Team neu startet, bringt jede Frau und jeder Mann eigene Werte, Einstellungen und Vorstellungen von Teamarbeit mit. Meist sind diese unbewusst. Wir alle wissen, was uns in der Zusammenarbeit wichtig ist, nur sprechen wir es nicht aus. Solange das unausgesprochen bleibt, haben die Werte und Einstellungen das verheerende Potenzial eines Eisbergs, gegen den ein Schiff fährt, weil der Teil unter Wasser nicht sichtbar war. Konflikte in Teams basieren häufig auf nicht ausgesprochenen Werten und Einstellungen. Die eine lebt eine offene und direkte Ansprache, der andere findet öffentliche Kritik anmaßend. Und schon kann es knallen. Sprechen Sie zu Beginn der Reise über das, was Ihnen in der Zusammenarbeit wichtig ist. Dann können daraus Teamprinzipien werden: Spielregeln für die Zusammenarbeit.

In empowerten Teams gilt es zwei Perspektiven zu berücksichtigen. Einerseits ist wichtig, dass sich jede und jeder persönlich wohlfühlt und öffnen kann, andererseits sind bestimmte Prinzipien für den Erfolg eines empowerten Teams zentral. Unser Vorschlag: Nutzen Sie die Prinzipien für empowerte Teams und tauschen Sie sich im Team aus, was Ihnen persönlich dabei besonders wichtig ist. Details zu den Prinzipien und wie Sie die Gespräche gestalten können, erfahren Sie im nächsten Kapitel.

Abb. 10: Prinzipien der Teamlandkarte

2

2.3.3 Kein Vertrauen ohne Klarheit

Vertrauen ist wesentlich für empowerte Teams. Wir müssen uns aufeinander verlassen können, gerade wenn wir ohne die Supervision einer Führungskraft arbeiten. Vertrauen kann in Teams nur entstehen, wenn wir zunächst Klarheit schaffen. Das ist die Voraussetzung, damit sich alle Teammitglieder aufeinander einlassen. Die Teamroutinen 1 bis 4 zielen darauf ab. Für neue Teams ist es ratsam, in dieser Reihenfolge zu starten:

1. *Mission und Purpose:* Warum gibt es uns und was ist unser Auftrag?
2. *Reframing Authority:* Welchen Entscheidungsrahmen haben wir und was dürfen wir?
3. *Flexible Roles:* Wer im Team ist wofür verantwortlich?
4. *Agile Goals:* Was sind die konkreten Ziele?

In der Realität sagen Teams gerade zu Beginn ihrer gemeinsamen Reise: »Dafür haben wir jetzt keine Zeit, lasst uns loslegen«. Das kann gut gehen. Sehr häufig allerdings stolpern die Teams schnell über ungeklärte Themen. Gerade am Anfang brauchen empowerte Teams Zeit für sich. Die Teamroutinen bieten die passenden Arbeitsfragen und Meetingformate, damit Sie sinnvoll darüber sprechen können. Klarheit entsteht übrigens nicht, wenn eine Person alles aufschreibt und das Dokument ans Team schickt. Klarheit entsteht über Dialog. Machen Sie die Ergebnisse für alle sichtbar, hängen Sie Poster in Meetingräumen auf oder erstellen Sie daraus einen Bildschirmschoner. Sprechen Sie darüber. Mission und Purpose ändern sich in der Regel nicht. Die Teamroutinen zwei, drei und vier sollten Sie im Team regelmäßig überprüfen und bei Bedarf anpassen.

Abb. 11: Teamroutinen 1 bis 4

2

2.3.4 Konflikte sind gut, denn sie zeigen, dass wir uns näherkommen

Teamdynamik ist vor allem eine Frage von Nähe und Distanz. Am Anfang sind alle Teammitglieder vorsichtig distanziert, beobachten sich und lernen, wie sie miteinander umgehen sollen. Je mehr Klarheit entsteht, desto näher kommen sich alle im Team. Dadurch entsteht einerseits Vertrauen, anderseits sehen wir auch das, was wir aneinander nicht mögen. Teammitglieder beginnen sich auf die Nerven zu gehen. Im schlechtesten Fall führt das zu kalten Konflikten: Alle spüren die Spannungen, aber niemand spricht sie an. Kalte Konflikte sind wie ein schwaches Gift mit langfristig verheerender Wirkung. Heiße Konflikte werden offen ausgetragen. Das ist zwar anstrengend, hat aber für Teams eine enorm konstruktive Kraft. Im Rahmen der Teamroutine drei beschreiben wir mit dem Tension Meeting eine Methode, wie Teams rollenbasierte Konflikte auflösen können.

Die Teamroutinen 5 und 6 dienen dazu, beginnende Konflikte schnell in konstruktive Bahnen zu lenken. In Dynamic Meetings finden Sie Meetingformate für schnelle Themenklärung und strukturiertes Feedback. In Fast Decisions zeigen wir Methoden, wie Teams sachliche Konflikte – Meinungsverschiedenheiten – sinnvoll zu einer Entscheidung führen und daraus keinen destruktiven Konflikt werden lassen. Gruppendynamiker heißen Konflikte immer mit offenen Armen willkommen, denn sie sind ein Zeichen dafür, dass das Team auf dem richtigen Weg ist. Wenn Sie selbst merken, dass es im Team zu Spannungen, Missverständnissen oder Konflikten kommt, würden wir Ihnen folgenden Schritte empfehlen:

- Könnte mangelnde Klarheit die Ursache sein? Finden Sie heraus, wo genau es Unklarheiten gibt und bearbeiten Sie die entsprechende Teamroutine (1 bis 4).
- Liegt die Ursache im Miteinander, dann empfehlen wir Ihnen, aktiv Feedback zu nutzen. Feedback dient dabei dem Verständnis für die jeweils andere Perspektive und sollte in gemeinsamen Vereinbarungen münden. (Wie wollen wir mit dem Konfliktthema in Zukunft konstruktiv umgehen?)
- Liegt die Ursache im zwischenmenschlichen Bereich, ist eine Aussprache unter sechs Augen oft hilfreich: die beiden Teammitglieder, zwischen denen es atmosphärische Störungen gibt, und eine unbeteiligte dritte Person als Moderatorin.

Abb. 12: Teamroutinen 5 und 6

2

2.3.5 Gemeinsamer Erfolg nährt die Motivation

Empowerte Teams sind reife und erwachsene Teams. Sie übernehmen gemeinsam Verantwortung für eine gute Zusammenarbeit. Sie wissen, dass jedes einzelne Teammitglied kompromissbereit sein muss, damit das Team als Ganzes erfolgreich sein kann. »Leave your ego at home« ist ein häufiger Satz in Teams. Empowerte Teams wissen, dass ein gutes Zusammenspiel das Ergebnis gemeinsamer Arbeit an sich als Team ist. Wie in jeder guten Beziehung. Deshalb investieren auch alle im Team Zeit und Energie in das Miteinander. Das ist Teamentwicklung.

Abb. 13: Teamroutine 7

Zur Verantwortung gehört auch die wirtschaftliche Verantwortung. Hier besteht der größte Unterschied zu managergeführten Teams, in denen sich immer die Führungskraft um die betriebswirtschaftlichen Kennzahlen und den Erfolg kümmern muss. In empowerten Teams ist dies expliziter Teil der Teamverantwortung. Gemeinsam besprechen die Teammitglieder, ob die Art der Zusammenarbeit und die getroffenen Entscheidungen zu dem gewünschten Erfolg führen. Wenn nicht, entscheidet das Team, was geändert werden muss. Auch das ist ein Zeichen von Reife. Wenn sich der Erfolg einstellt, kann dieser einer Quelle der Motivation werden.

2.3.6 Teamboxenstopp während der Reise

Wenn Sie sich als Team bereits auf der Reise befinden, können Sie die Teamlandkarte für einen Boxenstopp nutzen. Sprechen Sie über die Prinzipien und die Teamroutinen und sortieren Sie diese gemeinsam in zwei Themenbündel:

- *Stärken*: Hier sind wir gut unterwegs.
- *Potenzial*: Hier könnten wir besser werden.

Gerade wenn man schon länger miteinander arbeitet, schleifen sich bestimmte Dinge ein. Dann ist es gut, eine bewusste Pause einzulegen, gemeinsam einen Schritt zurückzutreten und sich selbst als Team zu analysieren. Die Leitfrage sollte dabei immer sein: Was ist unser nächster Schritt. Es geht nie um Vollständigkeit oder Exaktheit im wissenschaftlichen Sinne. Teams sind soziale Systeme: lebendig und immer in Bewegung. Fragen Sie also besser nicht »Machen wir alles richtig?«, sondern »Was läuft gut, auf welche Stärken können wir uns verlassen?« und dann »Was glauben wir könnte ein Aspekt sein, den wir anders und besser machen, weil es uns als Team hilft?«.

2.4 Prinzipien – Erfolgsvoraussetzungen für empowerte Teams

Die Prinzipien sind das solide Fundament für empowerte Teams. Sie beschreiben einerseits Grundeinstellungen und Mindsets, die alle Teammitglieder mitbringen, und andererseits Rahmenbedingungen, damit die Teams erfolgreich arbeiten können. Damit Sie sich leichter orientieren können, haben wir die Prinzipien in 3×3-Gruppen sortiert (vgl. Abb. 14).

Schauen wir uns alle drei Gruppen genauer an. Schätzen Sie gerne im Anschluss selbst ein, ob Sie alle Voraussetzungen für ein empowertes Team geschaffen haben.

2

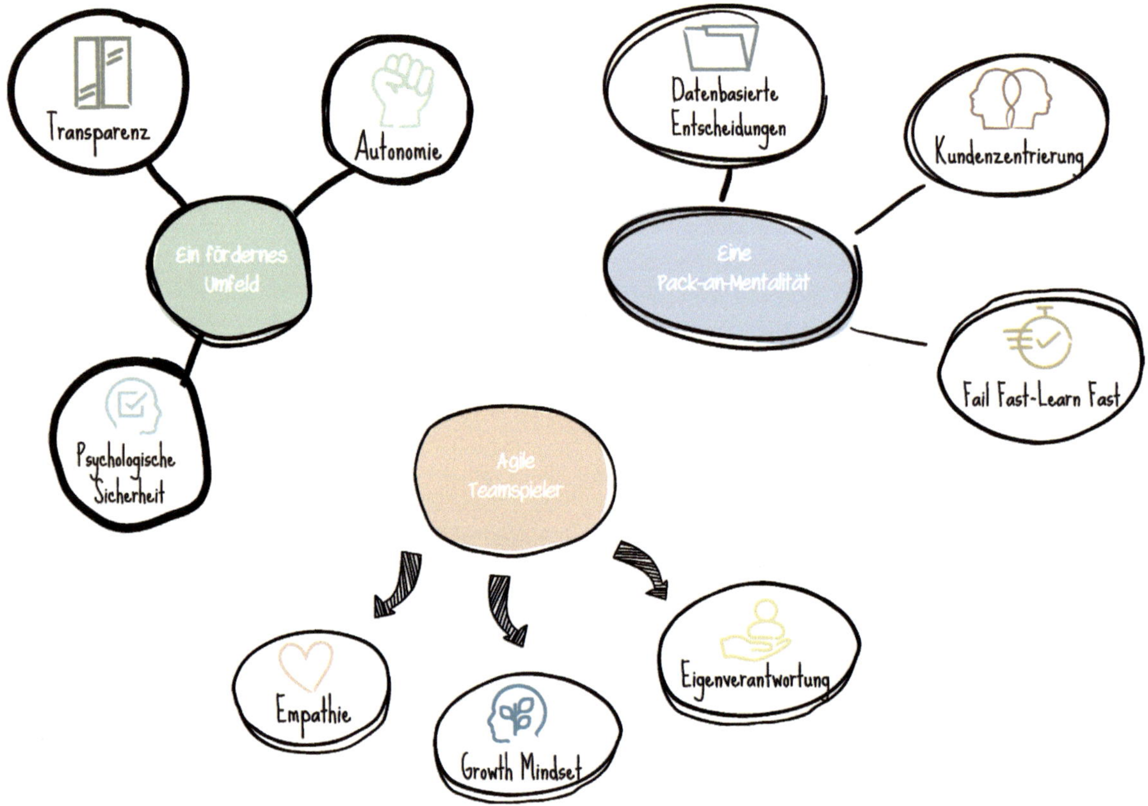

Abb. 14: 3×3-Gruppen der Teamprinzipien

2.4.1 Ein förderndes Umfeld: Transparenz, psychologische Sicherheit, Autonomie

Stellen wir uns ein Negativszenario vor: Eine Arbeitsumgebung, in der keine Informationen geteilt, falsche Entscheidungen öffentlich bestraft werden und nur die Chefin oder der Chef alles bis ins letzte Detail kontrolliert. Übertrieben? Nein, durchaus Realität in manchen Unternehmen. Hier kann ein empowertes Team nicht gedeihen. Ein förderndes Umfeld beschreibt dagegen eine Arbeitsumgebung, die sich durch folgende Aspekte auszeichnet:

- *Ein hohes Maß an Transparenz:* Wir haben alle notwendigen Informationen, um gut arbeiten zu können.
- *Psychologische Sicherheit:* Wir trauen uns etwas, machen Fehler und lernen daraus.
- *Autonomie:* Wir haben Handlungsfreiräume.

Transparenz

Die Verfügbarkeit von Informationen ist der Schlüssel zu fundierten Entscheidungen und kontinuierlicher Verbesserung. Transparenz entsteht, indem alle relevanten Informationen für die Teammitglieder zugänglich sind: Was sind relevante strategische Ziele und Rahmenbedingungen? Welche Schnittstellen zu anderen Teams müssen wir kennen? Welche Erwartungen hat das Topmanagement an uns als Team?

Das sind nur einige Fragen, zu denen Teams Klarheit brauchen. Transparenz ist aber auch im Team selbst ein wichtiges Prinzip: Wer arbeitet woran? Wo sind wir im Plan? Wo haben wir Schwierigkeiten? Wo sind Fehler passiert? Transparenz erfordert von allen, dass sie offen und ehrlich sind.

Psychologische Sicherheit

Transparenz ist die Grundlage für Zusammenarbeit und Entscheidungen, sie kann aber auch Angst machen. Was passiert, wenn ich Fehler mache und das von allen gesehen wird? Wie ist meine Stellung im Team, wenn ich nicht alles gleich schaffe? Welche Folgen hat es, wenn ich meinen Kollegen offenes und ehrliches Feedback gebe? Deswegen ist psychologische Sicherheit ein zweites wichtiges Prinzip. Sie schafft Vertrauen und ermöglicht Teams, in Zeiten des Wandels mutige Entscheidungen zu treffen. Das bedeutet, Ideen, Fragen, Bedenken oder Fehler können offen geäußert werden. Ohne Angst vor negativen Konsequenzen. Psychologische Sicherheit ist Basis für Wachstum, Veränderung und Weiterentwicklung der Teammitglieder. Psychologische Sicherheit entsteht in erster Linie durch den offenen Dialog und die Vorbildfunktion: Wenn der erste über Erfolge und Misserfolge spricht, schöpfen andere im Team Zutrauen, dass sie das auch machen können.

Autonomie

Das Team hat alle Fähigkeiten und Ressourcen, um seine Mission unabhängig zu erreichen. Es setzt sich idealerweise aus Generalisten und Spezialisten zusammen. Das Team hat alle erforderlichen Fähigkeiten und Spezialisten im Team und ist nicht abhängig von der Zuarbeit anderer. Der Beitrag des Unternehmens zur Autonomie besteht darin, ausreichend Budget, Arbeitsmittel und Personal zur Verfügung zu stellen. Dadurch kann das Team schnell und agil handeln und eigenständig Entscheidungen treffen.

2.4.2 Agile Teamspieler: Eigenverantwortung, Growth Mindset, Empathie

Empowerte Teams stellen hohe Ansprüche an ihre Teammitglieder. Die Qualität der Zusammenarbeit und das Niveau des Teams hängen von den Kompetenzen aller im Team ab. Neben der fachlichen Expertise, die immer erforderlich ist, gelingt diese Form der Teamarbeit vor allem, wenn die Teammitglieder drei Prinzipien leben und verkörpern.

- *Eigenverantwortung:* Wir übernehmen Verantwortung für unser eigenes Handeln und für die gemeinsamen Teamziele.
- *Growth Mindset:* Wir begegnen anderen Menschen, Herausforderungen und Veränderungen offen und sind motiviert zu lernen.
- *Empathie:* Wir haben die Fähigkeit, uns in andere Menschen hinzuversetzen, einzufühlen, gute Fragen zu stellen und Kompromisse zu finden.

Eigenverantwortung

Jedes einzelne Teammitglied übernimmt Verantwortung für sein Handeln und setzt sich vollkommen für die Erreichung von Ergebnissen ein. In einem empowerten Team gibt es keine hierarchische Kontrolle, sondern soziale Kontrolle. Über Transparenz und Feedback können sich alle Teammitglieder gegenseitig in die Verantwortung nehmen. Deshalb ist die Bereitschaft aller, Verantwortung zu übernehmen, ein notwendiges Prinzip für Empowerment. Nur wenn alle Teammitglieder verantwortungsbewusst handeln und sich engagieren, können Resultate, effiziente Arbeitsweisen und Leistung sichergestellt werden. Dabei gilt Verantwortung immer gleichermaßen für die eigene Rolle und Aufgaben wie für die Zusammenarbeit im Team und die Erreichung der Teamziele. Dieses Verständnis von

Verantwortung ist Grundlage, damit Teammitglieder sich gegenseitig Feedback geben und offen sprechen.

Growth Mindset

Ein empowertes Team geht offen mit Veränderungen um und entwickelt neue Lösungen. Wer Veränderungen fürchtet, Routinen liebt und nicht motiviert ist, Neues zu lernen, wird in so einem Team Schwierigkeiten haben. Teammitglieder mit einem Growth Mindset blühen in dieser Umgebung auf. Ein Growth Mindset ist die innere Motivation zu lernen und zu wachsen sowie die Neugier, neue Aufgaben und Herausforderungen anzupacken. Teammitglieder experimentieren, suchen aktiv nach Lösungen für neue Anforderungen, geben und nehmen Feedback und lernen aus Fehlern.

Empathie

Empathie ist der Schlüssel für Kundenzentrierung und Zusammenarbeit. Durch Empathie versetzen sich Teammitglieder in die Position des Kunden und entwickeln bessere Lösungen. Empathie ist auch Voraussetzung für dauerhaft gute und nachhaltige Zusammenarbeit im Team. Alle Teammitglieder besitzen die Fähigkeit, sich in andere Menschen hineinzuversetzen, sind sensibel im Umgang miteinander, stellen gute Fragen, hören zu und finden sinnvolle Kompromisse.

2.4.3 Eine Pack-an-Mentalität: Kundenzentrierung, Fail Fast – Learn Fast, datenbasierte Entscheidungen

Ein empowertes Team braucht Teammitglieder, die im Sinne der Kunden Initiative ergreifen, Themen vorantreiben und fundierte Entscheidungen treffen. In einem empowerten Team gibt es keinen Manager als Treiber für Aufgaben, hier ist das Team in der Verantwortung. Eine Pack-an-Mentalität, im Englischen auch Can-Do-Mentalität genannt, beschreibt Persönlichkeit und Kompetenz:

- *Kundenzentrierung:* Wir richten unsere Arbeit an den Erwartungen und Bedürfnissen der Kunden aus.
- *Fail Fast – Learn Fast:* Wir arbeiten in schnellen Iterationen, holen aktiv Feedback und leben eine steile Lernkurve.
- *Datenbasierte Entscheidungen:* Wir arbeiten sachlich und nutzen objektive Kriterien für unsere Entscheidungen.

Kundenzentrierung

Der Kunde steht im Mittelpunkt aller Aktionen und Entscheidungen des Teams. Das können interne Kunden sein oder externe. Durch intensive Interaktion und enge Zusammenarbeit mit dem Kunden wird sichergestellt, dass die Ergebnisse tatsächlich das Problem des Kunden lösen. Je

2

früher das Team den Kunden einbezieht, desto schneller kommt das Team zu Lösungen und desto zufriedener ist die Kundin. Eine ausgeprägte Kundenorientierung aller Teammitglieder ist entscheidend. Gut ist, was unseren Kunden hilft.

Fail Fast – Learn Fast

Der »Fail Fast – Learn Fast«-Philosophie folgend gehen empowerte Teams mutig an neue Themen heran. Sie experimentieren mit neuen Lösungsansätzen und lernen schnell aus Fehlern. Anstelle langatmiger Diskussionen und mühsamer Planung arbeiten empowerte Teams agil in iterativen Schleifen und kommen so schneller zum Ziel. Dazu gehört auch regelmäßiges und strukturiertes Feedback.

Datenbasierte Entscheidungen

Empowerte Teams brauchen objektive Daten, um Fortschritt und Erfolg zu messen sowie Entscheidungen zu treffen. Eine der größten Stolperfallen sind subjektive Bauchentscheidungen, die das Team lähmen. Das Commitment aller Teammitglieder zu gemeinsamen Kennzahlen und Messkriterien macht das Team schnell und sorgt für bessere Entscheidungen.

2.4.4 Nutzen der Prinzipien für die Teamentwicklung

Im Rahmen einer Teamentwicklung können Sie gleich zu Beginn mit diesen Prinzipien arbeiten. Nutzen Sie die Landkarte und die Beschreibung der Prinzipien. Um zunächst einmal ein gemeinsames Verständnis sicherzustellen, ist es hilfreich, Beispiele zu den Prinzipien auszutauschen. Besprechen Sie auch, ob die Prinzipien zu den Werten und Einstellungen aller Teammitglieder passen.

In einem zweiten Schritt nehmen Sie im Team eine Selbsteinschätzung vor. In Abbildung 15 können Sie nun Ihr eigenes Team hinsichtlich der Erfolgsfaktoren empowerter Teams einschätzen. Und so funktioniert die Skala zur Einschätzung: Für jedes Prinzip können Sie eintragen, ob es aktuell kaum, durchschnittlich oder stark ausgeprägt ist. Innerhalb der Kategorien können Sie eine noch differenziertere Einschätzung vornehmen. Je weiter links die Kästchen sind, desto geringer ist die Ausprägung. Je weiter rechts, desto stärker. Das kann vor allem für die spätere Priorisierung hilfreich sein.

Freuen Sie sich über alles, was stark ausgeprägt ist und nutzen Sie diese Stärken aktiv.

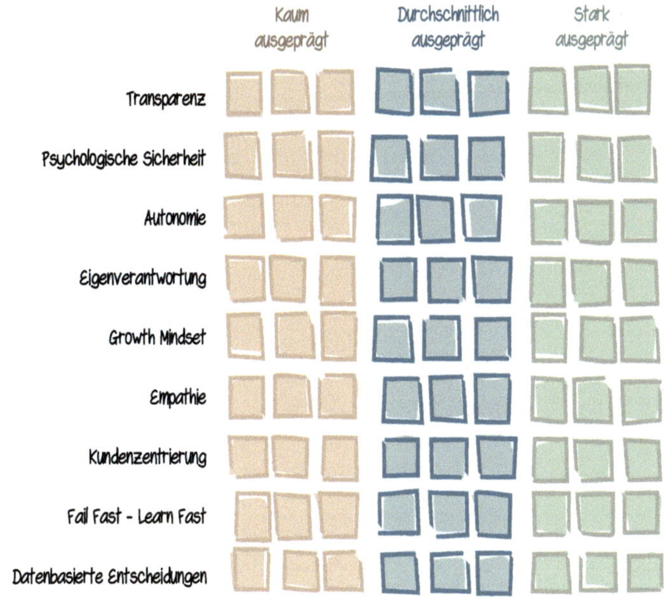

Abb. 15: Selbsteinschätzung

Nehmen Sie dann in einem dritten Schritt alle Prinzipien, die Sie unter kaum ausgeprägt oder durchschnittlich ausgeprägt gesammelt haben und priorisieren Sie diese noch einmal. Leitfrage ist: Was ist jetzt für uns als Team wichtig, was könnte ein sinnvoller nächster Schritt sein? Teams entwickeln sich in der Regel langsam Schritt für Schritt. Sich zu viel auf einmal vorzunehmen, ist eine typische Stolperfalle. Voller Ambition wollen Teams alles gleichzeitig verbessern, übernehmen sich, scheitern und sind frustriert. Konzent-

2

rieren Sie sich deshalb auf ein Prinzip, das Ihnen und Ihrem Team jetzt weiterhilft.

Sobald Sie dieses ausgesucht haben, definieren Sie konkrete Maßnahmen, wie Sie dieses Prinzip leben können.

Prinzipien und Teamroutinen

Die Teamroutinen sind sinnvolle Maßnahmen, um an ausgewählten Prinzipien zu arbeiten. Sie finden hier eine Übersicht der Zuordnung der einzelnen Teamroutinen zu den Erfolgsfaktoren.

Erfolgsvoraussetzungen		Teampractise						
		Mission und Purpose	Reframing Authority	Flexible Roles	Agile Goals	Dynamic Meetings	Fast Decisions	Financial Accountability
Förderndes Umfeld	Autonomie	x	x					
	Psychologische Sicherheit	x	x					
	Transparenz	x	x	x				x
Agile Teamspieler	Eigenverantwortung			x	x		x	
	Growth Mindset			x		x		
	Empathie					x		
Pack-an Mentalität	Kundenzentrierung				x			x
	Fail fast - learn fast				x	x	x	
	Datenbasierte Entscheidungen						x	x

Abb. 16: Übersicht, welche Teamroutinen auf bestimmte Prinzipien einzahlen

Teil 2: Teamroutinen

3 Die sieben wichtigsten Teamroutinen

3.1 Mission und Purpose – Was ist unser Nordstern?

Mission und Purpose sind entscheidend für eine erfolgreiche Zusammenarbeit im empowerten Team. Sie geben dem Team Richtung und sind Voraussetzung für Zielorientierung. Gemeinsam entwickelt und ambitioniert formuliert sind Mission und Purpose auch Quelle für hohe intrinsische Motivation. Ein Team sagte uns kürzlich: »Wir haben einfach Lust, noch eine Schippe draufzulegen, weil wir wissen, dass wir es können und es sinnvoll ist.« Für viele Teamroutinen, die wir in diesem Buch vorstellen, sind Mission und Purpose auch die Grundlage. Wenn das Team Ziele vereinbart, ist die Leitfrage: »Was müssen wir tun, um unsere Mission zu erfüllen?«. Wenn das Team schwierige Entscheidungen treffen muss, dann ist die Frage: »Was ist besonders wichtig für die Erreichung unserer Mission?«. Wenn das Team über Rollen diskutiert, ist die Frage: »Welche Rollen brauchen wir im Team, damit wir unsere Mission erfüllen können?«. Und wenn das Team in schwierigen Phasen in ein Motivationsloch fällt, dann hilft es, sich an den Purpose zu erinnern: »Warum lohnen sich all die Mühen für uns?«.

Mission und Purpose kurz erklärt

Mission
Die Mission beschreibt den Auftrag des Teams und ist die Antwort auf die Frage: »Was wird von uns erwartet und was müssen wir erreichen?« Die Mission ist konkret, messbar und ambitioniert.

Purpose
Der Purpose eines Teams zeigt, welchen Wert das Team schafft, wenn es seine Mission erfolgreich erfüllt. Der Purpose ist meist grundsätzlicher und weniger konkret als die Mission. Er ist die Antwort auf die Frage: »Zu welchem höheren Wert tragen wir bei?« Die Mission gibt einem Team eine klare Ausrichtung, der Purpose vermittelt den Sinn.

In managergeführten Teams ist es Aufgabe der Führungskraft, dem Team Ziele zu geben und die Teammitglieder in schwierigen Phasen zu motivieren. In empowerten Teams geht diese Verantwortung auf das gesamte Team über. Das Team entwickelt gemeinsam die Teammission und den Purpose, so entstehen Gemeinschaftsgefühl, Transparenz und von allen Teammitgliedern getragene Entscheidungen. All das führt zu einer gemeinsamen Verantwortung für den Teamerfolg. Und genau das unterscheidet ein erfolgreiches

Team von einer Gruppe von Einzelpersonen. Jede Einzelne fühlt sich sowohl für die eigene Aufgabe verantwortlich als auch gleichzeitig für den Erfolg des ganzen Teams. Letzteres ist sogar noch wichtiger. Im Zweifel stellen einzelne Teammitglieder ihre Individualinteressen zurück, wenn es der Teamerfolg nötig macht. Es entsteht eine Kultur nach dem Motto »Leave your ego at home – gemeinsame Ziele sind wichtiger als Einzelziele«. Bedingung dafür ist die gemeinsame Entwicklung von Mission und Purpose.

BEISPIELE

Big-Data-Innovationsteam
Die Aufgabe des Big-Data-Teams eines Pharma-Unternehmens besteht in der Entwicklung eines Algorithmus, mit dem Mediziner Aussagen über die Wirksamkeit von Medikamenten treffen können. Man nennt das Predictive Analytics: durch die Auswertung großer Datenmengen können Prognosen gestellt werden, welche Medikamente bei welchem Patienten mit höherer Wahrscheinlichkeit zu einer Heilung führen.
Team Mission: Wir entwickeln die Datenbasis für Predictive Analytics und verbessern dadurch die Wirksamkeit von Medikamenten.
Purpose: Wenn wir unsere Mission erfolgreich erfüllen, leisten wir einen Beitrag zu Heilung von Krebs. Die Kundenzufriedenheit wird von drei auf vier Sterne gesteigert.

Business-Intelligence-Team
Die Aufgabe des Business-Intelligence-Teams eines Versicherungsunternehmens besteht in der Analyse von Kundendaten, um neue Produkte und Dienstleistungen zu entwickeln. Das Team ist ein interner Dienstleister für Geschäftseinheiten.
Team Mission: Basierend auf analytischen und technologischen Rahmenwerken stellen wir relevante Erkenntnisse über Kunden, Markttrends und Wettbewerber zu Verfügung. Dadurch befähigen wir die Geschäftseinheiten, schneller bessere Entscheidungen zu treffen.
Purpose: Durch unsere Arbeit können die Geschäftseinheiten Geschäftspotenziale für sich besser nutzen. Dadurch leisten wir unseren Beitrag zum langfristigen Erfolg unseres Unternehmens in neuen Geschäftsbereichen.

Abb. 17: Workshop für Mission und Purpose

3

Die emotionale Kraft faktischer Zielbilder

Zielbilder sind Beschreibungen der Zukunft, Modelle einer Realität, die wir gemeinsam schaffen wollen. So wie Architekten Modelle von Gebäuden schaffen, kreieren Teams ihre Modelle, wer sie in Zukunft sein und was sie erreichen wollen. Mission und Purpose sind zwei Elemente dieses Zielbilds.

Es ist erstaunlich, welche Kraft Zielbilder entwickeln können, die auf den ersten Blick eher nüchtern und faktenorientiert daherkommen. Als Unbeteiligte lesen wir die Texte und finden diese in der Regel klar, aber es springt nicht unbedingt der Funke der Begeisterung über. Bei den Beteiligten ist das ganz anders. Für sie sind Mission und Purpose emotional bindend und handlungsleitend. Den Unterschied macht die Beteiligung. Wer ein Zielbild mitentwickelt, ist ein Teil davon. Es ist nicht eine andere Person, die uns für ihr Zielbild gewinnen möchte. Es ist unser Zielbild. Wir haben uns darüber Gedanken gemacht, wir haben im Team diskutiert und vielleicht gerungen. Wir haben entschieden, was wir weglassen und worauf wir uns konzentrieren. Neudeutsch spricht man oft von Commitment – gemeint ist: Verpflichtung. Dieses Gefühl der Verpflichtung ist das Resultat des Beteiligungsprozesses und der kollektiven Ausarbeitung. Was heißt das für Sie und Ihr Team? Nehmen Sie sich die Zeit und beteiligen Sie alle an der Entwicklung einer Mission- und eines Purpose-Statements.

An die Arbeit

Der Wert von Mission und Purpose liegt in der gemeinsamen Erarbeitung durch das Team. Denn durch den Dialog entstehen geteilte Überzeugung und eine gemeinsame Vision. Um am Ende wenige klare Sätze zu erzielen, haben sich folgende Schritte als hilfreich erwiesen:

1. Schreiben Sie die drei wichtigsten Stakeholder des Teams auf. Stakeholder sind im Unternehmen Personen, die ein großes Interesse am Erfolg des Teams haben. Das können Führungskräfte sein, die Unternehmensleitung oder andere Bereiche des Unternehmens.
2. Ergänzen Sie für jeden Stakeholder, welche Erwartung dieser an das Team hat.
3. Listen Sie die wichtigsten Kunden des Teams auf. Kunden können extern sein, zum Beispiel Käufer eines Produktes, oder intern, zum Beispiel Abnehmer eines bestimmten Service. Konzentrieren Sie sich hier ebenfalls auf die drei relevantesten und halten Sie die Erwartung der Kunden an das Team fest.
4. Der nächste Schritt ist ein Brainwriting. Alle Teammitglieder notieren Sätze auf Post-its für Mission und Pur-

pose. Die Arbeitsfrage für die Mission lautet: »Mit Blick auf die Erwartungen der Stakeholder und Kunden, was ist unser Hauptauftrag?« Die Arbeitsfrage für den Purpose lautet: »Wenn wir den Auftrag erfolgreich erfüllen, welchen Wert schaffen wir für Stakeholder und Kunden?«

5. Sammeln Sie alle Post-its. Bilden Sie Gruppen mit ähnlichen Aspekten. Wenn Sie zu viele Gruppen haben, bitten sie alle Teammitglieder, drei Punkte zu kleben, was aus ihrer Sicht am wichtigsten ist.
6. Arbeiten Sie mit den drei Aspekten weiter, die die meisten Punkte erhalten haben, und konkretisieren Sie hier die Formulierungen, damit klare Sätze entstehen.

Tipps

Mission und Purpose

Stolpersteine sind häufig, bei der Mission zu viel reinpacken zu wollen, zu starke Marketingsprache zu verwenden und beim Purpose den Anspruch zu hoch zu legen.

Denken Sie daran, es geht bei Mission und Purpose vor allem darum, dass das Team ein gemeinsames Verständnis entwickelt. Nutzen Sie eine einfache Sprache und kurze Sätze. Trauen Sie sich, so zu schreiben, wie sie untereinander sprechen.

3.2 Reframing Authority – Wie viel Freiheit haben wir?

Ein klar definierter Handlungsrahmen ist das Spielfeld für ein empowertes Team. Was dürfen wir, um befreit aufzuspielen? In dieser Teamroutine werden Macht, Einfluss und Autorität von der Führung auf das Team übertragen. Dadurch beginnt echtes Empowerment. Diese Klarheit zum Handlungs- und Entscheidungsrahmen führt zu einer hohen Dynamik und Agilität. Die daraus resultierende Transparenz wirkt auch konfliktvermeidend. Häufig erleben wir, dass Unsicherheit oder Konflikte ihren Ursprung in einem nicht geklärten Handlungsrahmen haben. Viele Teams berichten, dass sie diesen Klärungsschritt am Anfang als nicht so wichtig eingeschätzt hatten und das später bereuten. Deshalb empfehlen wir Ihnen, die Teamroutine *Reframing Authority* gleich zu Beginn und mit allen gemeinsam zu gestalten – gerade auch gemeinsam mit der Führungskraft.

Wie kann das Team sicherstellen, dass der Rahmen eindeutig ist und alle wissen, was das Team entscheiden darf? Die Aspekte des strukturellen und psychologischen Empowerments sowie die im Folgenden vorgeschlagene Vorgehensweise geben Klarheit – frühzeitig und transparent.

3

3.2.1 Strukturelles Empowerment

In managergeführten Teams ist fast alle Entscheidungsbefugnis dauerhaft nur einer Person zugeordnet, in der Regel der Führungskraft. Vieles davon geht im Rahmen des Empowerments auf das gesamte Team über. Die von dem Management an das Team delegierte Entscheidungskompetenz nennen wir strukturelles Empowerment. Es geht um die Frage: »Was dürfen wir als Team selbst entscheiden?« Um die übertragene Macht nutzen zu können, braucht es gleichzeitig psychologisches Empowerment: »Trauen wir uns, die neu gewonnene Entscheidungsbefugnis auch zu nutzen?« Das Team muss sich dazu in der Lage fühlen, Entscheidungen zu treffen und Verantwortung zu übernehmen. Die Ermutigung und die Bestärkung durch Teammitglieder und die Führungskraft fördern diese Sicherheit. Das nennen wir psychologisches Empowerment.

Strukturelles und psychologisches Empowerment kurz erklärt

Strukturelles Empowerment

Entscheidungsmöglichkeit und Verantwortung ins Team delegieren:

- Wofür sind wir als Team verantwortlich?
- Welche Entscheidungsbefugnisse liegen bei uns?
- Welche Entscheidung liegt weiterhin im Management?

Psychologisches Empowerment

Andere dabei unterstützen, das Selbstvertrauen und das Selbstwertgefühl zu haben, delegierte Macht zu nutzen:

- Welche Kompetenzen sind für uns wichtig, um Entscheidungen treffen zu können?
- Was brauchen wir, um uns sicher zu fühlen, Entscheidungen zu treffen?
- Welche Feedbackprozesse sollen die Basis sein, um eine Qualität der Entscheidung sicherzustellen?

Alle Perspektiven sind gleichwertig sinnstiftend und wesentlicher Baustein. Vor lauter Tatendrang gehen Teams häufig zu schnell über diesen Schritt hinweg. Das rächt sich später, denn ein unklarer Handlungsrahmen ist häufig Ursache für Teamkonflikte. Das Auslassen von einzelnen Elementen kann schnell zu Unstimmigkeiten in der Wahrnehmung oder Interpretation von Verantwortung im Team führen. Einfache Meetings mit dem Team unterstützen die klare Ausrichtung.

An die Arbeit

Reframing Authority: Ziel ist, gemeinsam einen Rahmen zu definieren, wofür das empowerte Team verantwortlich ist und was es allein entscheiden kann, also wo es Autorität besitzt.

Schaffen Sie am Anfang ein Grundverständnis: Entscheidungsrechte gehen immer mit Ergebnisverantwortung einher. Je größer die Freiheiten, desto größer die Verantwortung. Nutzen Sie die Gelegenheit für ein gemeinsames Meeting des Teams mit dem Management, um die initiale Diskussion zu starten.

Listen Sie dazu die wesentlichen Aufgaben auf, zu denen es Klarheit über die Entscheidungsbefugnisse braucht. Diskutieren und beantworten Sie gemeinsam im Team die Fragen:

- Was entscheidet fortan das Team allein ohne die Führungskraft?
- Was entscheidet das Team, stimmt sich jedoch mit der Führungskraft ab?
- Was entscheidet die Führungskraft?

Ziel dieser Übung ist, zu den wichtigen Themen Klarheit zu schaffen und das Team handlungsfähig zu machen. Sie werden nie alle Themen klären können. Priorisieren Sie, mit welchem Thema Sie beginnen.

WORKSHOP STRUKTURELLES EMPOWERMENT

1. **Kick-Off:** Laden Sie alle Teammitglieder und das Management zu einem Kick-off-Meeting ein.
2. **Aufgaben:** Listen Sie die wesentlichen Aufgaben auf.
3. **Entscheidung:** Besprechen und vereinbaren Sie die Entscheidungsrechte: Was kann das Team alleine entscheiden, ohne jemanden um Erlaubnis zu fragen. Was wird von der Führungskraft entschieden? Wo ist ein Veto zulässig?
4. **Vereinbarungen:** Vereinbaren Sie, wie das Team das Management und externe Stakeholder informiert hält.

Hier noch ein paar Tipps für das strukturelle Empowerment. Teams werden schneller, je mehr Themen sie allein entscheiden können. Je mehr operative Themenstellungen Sie in die Spalte »Team entscheidet alleine« (vgl. Abb. 18) sortieren, desto einfacher wird es für das Team. Gerade am Anfang sind empowerte Teams häufig unsicher, wie sie mit der neuen Freiheit umgehen sollen. Bei sensiblen Themen ist es durchaus okay, sich vor der Entscheidung bei der Führungskraft rückzuversichern oder Rat zu holen. Empowerte Teams wiederholen diese Übung regelmäßig, wenn sich Rahmenbedingungen ändern.

3

Am Ende des Meetings sollten Sie noch eine Frage klären: Wie hält das Team die Führungskraft informiert? Das Team muss dafür Sorge tragen, dass sämtliche verhandelten Entscheidungen transparent gemacht werden, und ist fortan dafür verantwortlich, sowohl das Management als auch Stakeholder proaktiv zu informieren.

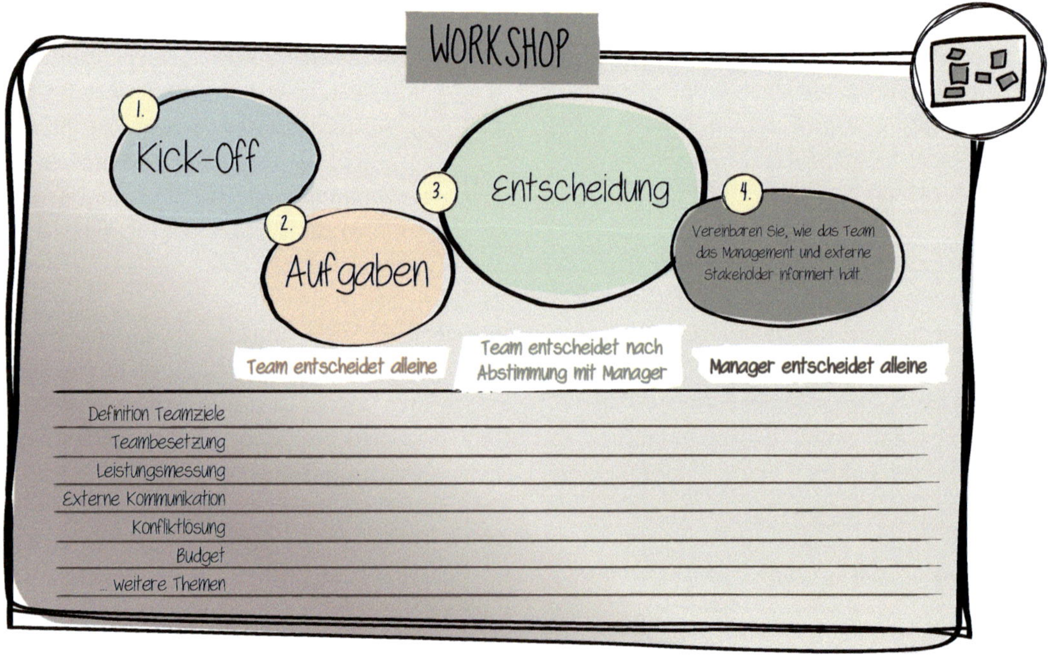

Abb. 18: Workshop strukturelles Empowerment

3.2.2 Psychologisches Empowerment

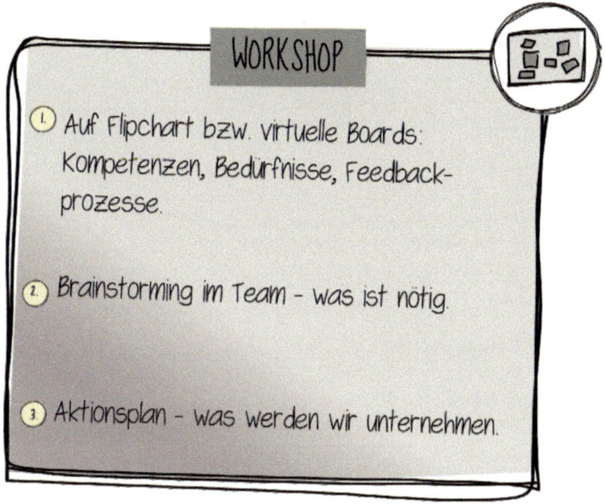

Abb. 19: Workshop psychologisches Empowerment

WORKSHOP PSYCHOLOGISCHES EMPOWERMENT

Nach Abschluss des Workshops Strukturelles Empowerment laden Sie in einem weiteren Meeting die Teilnehmer erneut ein oder bearbeiten Sie die Fragestellungen unmittelbar im Anschluss.

Schreiben Sie die drei Fragestellungen zum psychologischen Empowerment auf drei Flipcharts bzw. virtuelle Boards: Kompetenzen, Bedürfnisse, Feedbackprozesse (siehe dazu Abb. 19).
Lassen Sie Teammitglieder im Rahmen eines Brainstormings sammeln, was jeweils nötig ist. Geben Sie pro Themenstellung ca. 30 Minuten Zeit für Ideensammlung und Diskussion.
Legen Sie je Thema verbindlich z. B. im Rahmen eines Aktionsplans fest, was Sie tun werden, was der zeitliche Rahmen dafür ist und wie Sie überprüfen, ob die geplanten Maßnahmen zielführend sind. Planen Sie für diesen letzten Schritt zwischen 60 und 90 Minuten ein.

Hier die Kernfragen des Workshops zum psychologischen Empowerment etwas detaillierter

- Welche Kompetenzen sind für uns wichtig, um Entscheidungen treffen zu können? Hier konkretisieren Sie die Lernfelder – basierend auf den an das Team delegierten Aufgaben. Diese können sich z. B. auf Entscheidungsmethoden beziehen. Oftmals benötigen neu empowerte Teams ein besseres Verständnis von strategischen Zusammenhängen. Und zugleich benötigen viele Teams konkretes Wissen zu Budgetierungsprozessen, betriebswirtschaftlichen Zusammenhängen und Kennzahlen.

- Welche Bedürfnisse haben die einzelnen Teammitglieder, um sich sicher zu fühlen bei Entscheidungen? Die Antwort darauf ist sehr unterschiedlich je nach Unternehmen und Team. Oft ist es erst die intensive Diskussion, in der sich die Teammitglieder klar werden, was sie brauchen und wie sehr sie sich wechselseitig stärken und unterstützen können.
- Gelingende Entscheidungen in Teams basieren elementar auf wechselseitigem Austausch. Welche Feedbackprozesse brauchen Sie, um die Qualität von Entscheidungen sicherzustellen? Reflektieren Sie im Team, wie der Prozess der Entscheidungsfindung war und was hier vielleicht besser gemacht werden kann, und sprechen Sie über die Qualität des Ergebnisses.

Ideen für die Umsetzung

- **Klären der Rahmenbedingungen:** Viele empowerte Teams scheitern, weil sie eine »Das ergibt sich doch im Laufe der Zeit«-Haltung haben. Steuern Sie bewusst dagegen und nehmen Sie sich Zeit für die Klärung zu Beginn.
- **Transparenz herstellen:** Stakeholder werden oftmals nicht adäquat informiert und sind direkt oder im weiteren Prozess irritiert. Schaffen Sie daher früh Transparenz.
- **Starten Sie mit kleinen Schritten:** Wenn Sie sich als Team zu viel vornehmen, wird es umso schwieriger mit der Umsetzung. Das Team muss Verantwortung lernen – und dafür braucht es Zeit. Starten Sie mit kleinen Schritten.

Abb. 20: Literaturtipps zu Reframing Authority

3.3 Flexible Roles

3.3.1 Wer trägt welchen Hut?

Nachdem der Handlungsrahmen für das gesamte Team klar ist, werden Rollen und Verantwortung noch eine Stufe tiefer definiert: Wer trägt im Team den Hut für welche Aufgabe? Die Bedeutung von Rollenklarheit in einem dynamischen Umfeld ist nicht zu unterschätzen. Rollen ändern sich schnell, Menschen haben oft mehrere Rollen und wir verlieren leicht den Überblick. Rollenklarheit gibt Sicherheit und ist eine wesentliche Voraussetzung für Agilität. Mitarbeiterinnen in Teams erbringen unterschiedliche Aufgaben und haben verschiedene Verantwortlichkeiten. Die einzelnen Tätigkeiten fasst man unter dem Aspekt »Rolle« zusammen. Oftmals kennen wir diese Rollen in einem traditionellen Verständnis von Organisation als eine Art Stellenbeschreibung.

Nehmen wir ein Team aus dem Controlling als Beispiel zur Verdeutlichung. In der Stellenbeschreibung eines Controllers steht häufig:

- Dokumentation und Überwachung der Rechnungslegungsgrundsätze.
- Sicherstellen, dass alle Zahlungen pünktlich ausgeführt werden.
- Überprüfung des Budgets.
- Beratung des Managements zur Weiterentwicklung des Geschäfts auf Basis der betriebswirtschaftlichen Auswertung.

Stellenbeschreibungen sind oft sehr fachlich und bemühen sich um eine umfassende Definition. Häufig wird auch viel Zeit in die Abgrenzung solcher Rollen zu anderen Rollen investiert. Wofür sind wir nicht verantwortlich, sondern ein anderes Team. Daher sind sie im Nachgang oftmals starr und schwer zu verändern.

Empowerte Teams brauchen ein hohes Maß an innerer Flexibilität. Flexible Rollen erlauben es dem Team, auf externe Veränderungen zu reagieren, ohne das gesamte Set-up zu verändern oder jedes Mal die Stellenbeschreibung anpassen zu müssen. Bleiben wir bei dem Controllerbeispiel. Die Rolle Controller mit den oben beschriebenen Aufgaben bleibt. Zusätzlich erhält ein Teammitglied, Jan, eine zweite Rolle: Kommunikation in die Geschäftseinheiten. Jan hat also zwei Hüte auf. Mit dem Kommunikationshut vertritt er das gesamte Team, macht Vorschläge zur Ge-

3

staltung der Kommunikation mit den Geschäftseinheiten, holt sich von diesen Feedback ab und koordiniert im Team die Kommunikation. Petra ist ebenfalls Mitglied im Controllingteam und trägt auch einen zweiten Hut für die interne Fortbildung. Ähnlich wie Jan für Kommunikation ist Petra als Koordinatorin für Fortbildung für das gesamte Team verantwortlich. Das Konzept der flexiblen Rollen beinhaltet also zwei wesentliche Aspekte:

- Eine Person kann mehrere Rollen einnehmen, damit alle wesentlichen Aufgaben zugeordnet sind.
- Rollen ändern sich je nach Anforderungen und können nach einer Diskussion im Team flexibel angepasst werden.

Die Regel für flexible Rollen lautet: Alles, was wichtig ist, muss einer Person als Aufgabe zugeordnet werden. Dann ist auch klar, dass sich jemand wirklich um die Aufgabe und damit das Thema kümmert. Der Vorteil für das Team liegt auf der Hand: Keine wesentlichen Aufgaben fallen unter den Tisch und das Team kann flexibel auf Veränderungen reagieren, ist also elastischer. Die Konsequenzen für empowerte Teams wollen wir aber auch nicht verschweigen: Teams müssen regelmäßig Rollen miteinander verhandeln und es besteht immer die Gefahr des Chaos.

BEISPIEL

Kommunikationsteam

Zwölf Frauen und Männer bilden das Kommunikationsteam eines Softwareunternehmens. Alle Teammitglieder haben eine Kernrolle. Die meisten sind Kommunikationsmanager. Sie sind verantwortlich für die Aufbereitung und Kommunikation von Inhalten des Unternehmens an Mitarbeiter, Kunden und die Medien. Sonja ist die Teamassistentin. Ihre Kernaufgabe besteht in der Teamorganisation: Urlaubsplanung, Meetingorganisation und Koordination von Fortbildungen. Doch Sonja hat noch eine weitere Verantwortung: Sie trägt den Hut für Journalisten-Events. Alle im Team wissen, dass Sonja diese Events in Abstimmung mit den Kommunikationsmanagerinnen organisiert. Sonja hat also zwei Rollen. Auch die Kommunikationsmanagerinnen und -manager haben weitere Rollen. Thomas ist verantwortlich für Social-Media-Kanäle und damit auch dafür, die Kolleginnen und Kollegen in neuen Technologien zu schulen. Im Moment diskutiert das Team, ob es für Instagram und Facebook eigene Rollen braucht, um mit der Veränderung im Kommunikationsbereich mitzuhalten. Matthias ist verantwortlich für Mitarbeiterkommunikation und

Astrid für Videoberichterstattung. Diese Verantwortung hat sie neulich erst von Thomas übernommen, weil bei ihm die Arbeitsbelastung zu hoch geworden ist. Das Kommunikationsteam hat vereinbart, alle sechs Monate über die Rollen zu sprechen. Sind diese sinnvoll verteilt? Ist die Arbeitslast für alle gleichmäßig? Müssen wir neue Themen oder Aufgaben als Rollen bestimmten Personen zuordnen?

Abb. 21: Beispiel Kommunikationsteam

3.3.2 Klarheit schaffen

Das grundlegende Prinzip ist sehr einfach zusammengefasst: eine Person – viele Rollen. Und genau daraus resultieren eine neue Art von Zusammenarbeit sowie eine hohe Geschwindigkeit bei der Erledigung von Aufgaben. Oberste Maxime ist Klarheit: Wer hat wofür den Hut auf? Der Hut der Verantwortung kann auch weitergeben werden, es muss nur immer eindeutig bleiben, wer ihn aufhat. Geben Sie nicht einer Person zu viele Rollen, das sorgt in der Regel für Verwirrung. Die Fähigkeit, Rollen schnell und mit hoher Qualität zu definieren, ist der wesentliche Erfolgsfaktor. Teams müssen dies während ihrer Entwicklung hin zu mehr Empowerment trainieren.

Während in bürokratischen Organisationen schriftliche Richtlinien zählen, zielen empowerte Teams auf abgestimmtes Verhalten ab. Worte auf Papier sind weniger wichtig als Kommunikation und ein gemeinsames Verständnis im Team. Besprechen Sie die Rollen und beschreiben Sie diese in einem gemeinsamen Dokument. Aber Achtung: nicht so detailliert wie in einer Stellenbeschreibung. Teams lesen das in der Regel nicht. Häufig reicht ein Post-it mit drei Kernaspekten oder ein Poster, um darzustellen, worum es bei der Rolle geht. Bei der initialen Verteilung von

3

Aufgaben ist wichtig, mehrere Aspekte im Blick zu behalten. Haben Sie an alles gedacht? Nutzen Sie die folgende Checkliste.

Checkliste

- ☐ Klar: Verantwortlichkeiten sind klar definiert
- ☐ Machbar: Verantwortlichkeiten können bearbeitet werden (nicht zu viel, zu anspruchsvoll ...)
- ☐ Fähig: Die Teammitglieder sind in der Lage, ihre Verantwortung wahrzunehmen
- ☐ Teamwork: Rollen zeigen, wo Zusammenarbeit erforderlich ist
- ☐ Priorisiert: Rollen fokussieren die Teammitglieder auf die wesentlichen Aufgaben
- ☐ Verständlich: Alle Teammitglieder kennen und akzeptieren die Rollen
- ☐ Im Fokus: Alle wichtigen Aufgaben haben einen Verantwortlichen – nichts fällt durch das Raster

Rollen initial verhandeln

Unsere Lieblingsmethode dafür ist die Rollenverhandlung basierend auf der Arbeit von Roger Harrison (siehe dazu die Tipps am Ende des Kapitels). Sie ermöglicht, Erwartungen zu klären und sicherzustellen, dass alle wichtigen Aufgaben definiert sind, alle Teammitglieder wissen, was sie zu leisten haben und auch, wie sie andere unterstützen müssen.

Organisieren Sie dazu einen Workshop:

- Schreiben Sie zuerst alle gemeinsam auf, welche unterschiedlichen Rollen es innerhalb des Teams geben muss. Schließlich müssen Sie basierend auf der Teammission und dem Purpose konkrete Ergebnisse erbringen. Dafür brauchen Sie bestimmte Rollen im Team.
- Verteilen Sie nun die Rollen auf einzelne Teammitglieder.
- Beginnen Sie dann mit der individuellen Fokussierung. Alle im Team schreiben für sich auf, was sie unter der Rolle verstehen: Was sind meine Hauptaufgaben und Verantwortlichkeiten. Was ist »Out of Scope«, also nicht Teil meiner Verantwortung? Welche Unterstützung brauche ich von wem, um meine Verantwortung erfüllen zu können?
- Stellen Sie sich gegenseitig Ihr Rollenverständnis vor und beginnen Sie mit dem Verhandeln der Rolle. Machen Sie sich gegenseitig Vorschläge, was noch zu der Rolle gehören sollte, was aus Ihrer Sicht zu viel ist oder was zu einer anderen Rolle gehört.
- Identifizieren Sie mögliche Konflikte oder unklare Zuständigkeiten und einigen Sie sich auf eine Lösung.

- Machen Sie im Nachgang die Rollen als Team transparent. Teilen Sie die Rollendefinition bzw. Ergebnisse Ihres ersten Workshops und machen Sie sie verfügbar – nicht nur innerhalb des Teams, sondern vor allem auch mit Kollegen in anderen Teams, mit denen Sie zusammenarbeiten.

WORKSHOP ZUM VERHANDELN VON ROLLEN

1. **Überblick:** Welche Rollen gibt es in unserem Team, um unsere Team Mission und den Purpose zu erreichen?
2. **Fokus:** Was sind meine Hauptaufgaben und Verantwortlichkeiten?

Einführung
Fundament
Team-routinen
Führung
Hybrid Team Work
Mutmach-geschichten

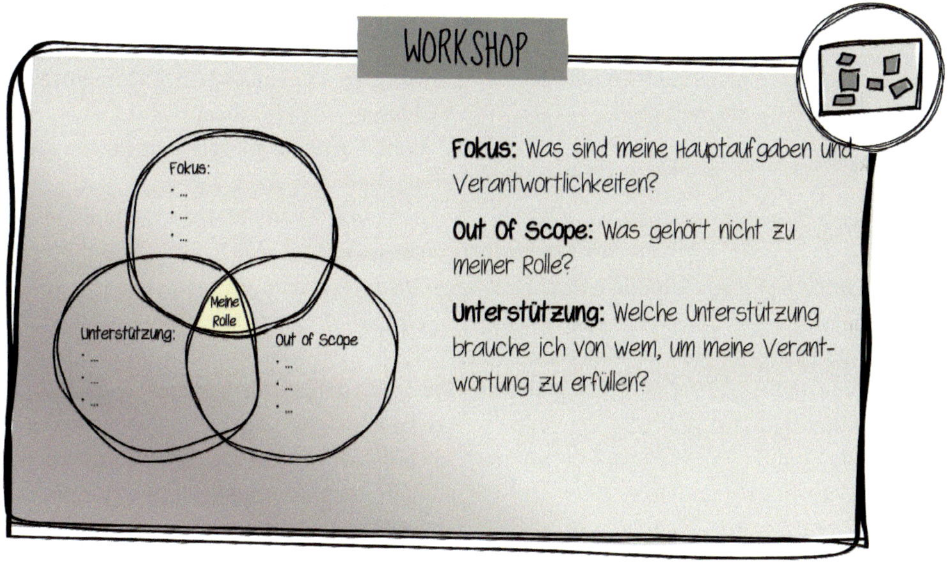

Abb. 22: Aufbau eines Workshops zum Verhandeln von Rollen

3. **Out of Scope:** Was gehört nicht zu meiner Rolle?
4. **Unterstützung:** Welche Unterstützung brauche ich von wem, um meine Verantwortung zu erfüllen?
5. **Verhandeln:** Teilen Sie Ihr Rollenverständnis mit dem Rest des Teams.
6. **Konflikte:** Identifizieren Sie mögliche unklare Zuständigkeiten und einigen Sie sich auf eine Lösung.
7. **Rollentransparenz:** Teilen Sie die Rollendefinition und machen Sie sie verfügbar.

Rollen kontinuierlich schärfen

Rollenverhandeln ist für empowerte Teams eine Routine wie Zähneputzen. Die Teams wissen: Nur wenn wir Klarheit über Rollen und Verantwortung haben, können wir schnell und zielgerichtet handeln und uns blind vertrauen. Deshalb empfehlen wir empowerten Teams, die Rollen regelmäßig zu besprechen und nachzuschärfen. Dafür gibt es eine einfache Feedback-Methode (vgl. Abb. 23).

Abb. 23: Start-Stop-Continue-Methode

Die Leitfrage lautet mit Blick auf unsere Rollen und unsere Zusammenarbeit im Team:

- *Continue:* Was läuft gut und sollten wir einfach so fortsetzen?
- *Stop:* Was funktioniert gar nicht und sollten wir einfach stoppen?
- *Start:* Was ist ungeklärt und sollten wir gemeinsam vereinbaren?

Und so können Sie die Methode anwenden: Am Anfang starten Sie mit einem Brainwriting. Alle Teammitglieder schreiben auf Post-its, was sie für wichtig halten. Die Faustregel lautet drei Post-its pro Person, sonst wird es unübersichtlich. Danach stellt jeder seine Post-its vor und hängt sie in die entsprechende Kategorie. Ähnliche Post-its werden zu Themenclustern zusammengehängt. Besprechen Sie die Post-its und suchen Sie als Team nach gemeinsamen Lösungen.

3.3.3 Tension Meeting – Umgang mit rollenbasierten Konflikten

Geübte empowerte Teams haben mit der Zeit immer kleinteiligere Rollen. In manchen Fällen ist dann die Start-Stop-Continue-Methode nicht mehr optimal geeignet. Sollten Sie dieses Gefühl im Team haben, empfehlen wir die Nutzung des Tension Meetings. Dieses eignet sich vor allem zur Bearbeitung von Teamkonflikten, die ihre Ursachen in ungeklärten Rollen haben. Im Rahmen Ihrer Teamentwicklungsreise wird das häufiger vorkommen. Für Teams ist es also ratsam, eine Methode zu nutzen, mit der sie bei Konflikten schnell zu einer guten Lösung kommen können.

Wir haben uns dafür vom integrativen Entscheidungsprozess im Rahmen des Governance-Meetings inspirieren lassen. Dieser stammt aus dem Holacracy-Ansatz für Selbstorganisation (mehr dazu siehe in den weiterführenden Links am Ende dieses Kapitels; Abb. 25). Es stellt aufgrund des methodischen Aufbaus sicher, dass Rollen weiterhin flexibel angepasst werden können. Gleichzeitig ist eine sinnvolle Einigung aller ohne zu viele Diskussionen möglich.

Das Meeting startet mit einer einfachen Frage: Wo gibt es Spannungen in unserem Team, basierend auf unseren Rollen?

- Wer Spannungen sieht, schreibt diese auf ein Post-it.
- Auf ein zweites Post-it wird die vermutete Ursache für die Spannungen geschrieben, zum Beispiel Unklarheiten in der Rollenverteilung oder fehlende Expertise für die Ausübung einer Rolle.
- Auf ein drittes Post-it wird ein Lösungsvorschlag geschrieben. Das ist verpflichtend für alle: kein Problem ohne Lösungsvorschlag.

BEISPIEL

Tension Meeting

In einem Beratungsunternehmen finden im Team der Partner regelmäßig Tension Meetings statt. Beratungsunternehmen agieren in einem hochdynamischen Umfeld, Themen ändern sich schnell und Rollen sind häufig veraltet. Das Partnerteam, insgesamt acht Männer und Frauen, ist sich darüber im Klaren, dass es eigentlich immer Konfliktpoten-

zial gibt. Rollenbasierte Konflikte anzusprechen ist für sie Teil einer guten Kultur.
In dem heutigen Meeting hat Silke die Moderationsrolle. Sie bittet alle zu Beginn, Spannungen auf Post-its zu schreiben. Susan sieht einen Konflikt und bringt diesen ein. Auf ihrem Post-it steht: unabgestimmte Social-Media-Kommunikation führt zu einer schlechten Außenwirkung. Das führt zu Spannungen im Partnerteam, weil Einzelne sehr aktiv in den sozialen Medien kommunizieren und andere diesen Stil nicht teilen. Susan schreibt auf ein weiteres Post-it ihre Vermutung der Ursache für den Konflikt: Alle im Team machen ihr Ding in Social Media ohne Abstimmung untereinander. Auf ein drittes Post-it schreibt Susan ihren Vorschlag: Eine Person sollte sich für Social Media verantwortlich fühlen, Standards definieren und die Kolleginnen mit Rat und Tat unterstützen.

Die Diskussion im Tension Meeting soll fokussiert sein. Ein Ausdiskutieren ist explizit nicht erwünscht, weil es langwierig und selten zielführend ist. Deshalb sollte immer ein Teammitglied das Tension Meeting moderieren. Wer eine Spannung besprechen möchte, stellt diese in maximal zwei Minuten vor. Alle Post-its werden gesammelt und in einer Eisenhower-Priorisierungsmatrix gemeinsam kategorisiert: Ist diese Spannung wichtig oder dringlich oder wichtig und dringlich. Es werden im weiteren Verlauf des Meetings nur die Post-its diskutiert, die für alle sowohl dringlich als auch wichtig sind. Die Moderationsmethode lässt maximal fünf Themen zu, die besprochen werden.

Abb. 24: Workshop Tension Meeting

Für jedes Thema stehen exakt 20 Minuten Zeit zur Verfügung, das hilft gegen Verzettelung in der Diskussion. Der Moderator ist für die strikte Einhaltung bzw. Berücksichtigung der Methode sowie die Zwischenzeitnahme verantwortlich.

WORKSHOP TENSION MEETING

1. Der Vorschlag wird vom Moderator noch einmal vorgestellt. *(2 Minuten)*
2. Alle im Team dürfen Verständnisfragen stellen. *(3 Minuten)*
3. Reaktionsrunde: Alle im Team geben Feedback zum Vorschlag – keine Diskussion. *(5 Minuten)*
4. Verbesserung: Das Teammitglied, das das Thema eingebracht hat, kann den Vorschlag noch einmal erklären oder basierend auf dem Feedback verändern. *(5 Minuten)*
5. Vetorunde: Wenn ein Teammitglied die Sorge hat, dass der Vorschlag in den nächsten Wochen ernsthaft Schaden anrichten kann, ist ein Veto möglich. Damit ist der Vorschlag vom Tisch. Ohne Veto gilt der Vorschlag als angenommen. *(3 Minuten)*
6. Integration: Wenn der Vorschlag angenommen wird, bespricht das Team die Umsetzung. *(2 Minuten)*

Durch diese Methode gelingt es Teams, schnell und effizient Konflikte zu lösen und Rollen weiter zu klären. Stellt sich in den Wochen nach dem Tension Meeting heraus, dass der Vorschlag nicht so funktioniert wie angenommen, kann das Thema auf einem weiteren Tension Meeting wieder auf die Agenda kommen. Die Methode basiert auf dem Prinzip Fail Fast – Learn Fast. Statt Themen jedes Mal grundsätzlich zu klären, zielt das Team auf eine tragfähige Lösung, probiert diese aus, lernt und passt sie gegebenenfalls wieder an.

Die Funktion des Vetos ist das Besondere bei dieser Methode. Grundsätzlich gilt, dass der Vorschlag des einbringenden Teammitglieds angenommen werden muss! Wenn Sie die Methode des Tension Meetings einführen, sollten Sie diesen Grundsatz im Team besprechen. Dahinter steckt die Annahme, dass alle im Team aus guter Intention handeln und fähige Kolleginnen und Kollegen sind. Deshalb begegnen wir Vorschlägen immer offen und positiv. Wer jedoch im Verlauf des Tension Meetings befürchtet, dass dieser Vorschlag zu einer Schieflage im Team führen könnte, kann

3

sein Vetorecht nutzen. In einem solchen Fall wird in Schritt 6 versucht, eine Adaption des Vorschlags gemeinsam zu erarbeiten. Dieser Vorschlag muss final nicht die Zustimmung aller haben, er darf aber zu keinem weiteren Veto führen. Wird innerhalb der 20 Minuten keine Einigung erzielt, ist der Vorschlag automatisch vertagt. Er kann dann in einem nächsten Tension Meeting erneut eingebracht werden.

3.3.4 Flexible Rollen erfordern innere Agilität

Jenseits aller Methoden erfordert vor allem die Arbeit mit flexiblen Rollen ein Höchstmaß an mentaler Flexibilität. Viele Menschen sind es nicht gewohnt, sich kontinuierlich ändern zu müssen. Wir lernen in Schule, Universität und Ausbildung eher Kontinuität, was sich in Sätzen wie »Schuster bleib bei deinen Leisten« widerspiegelt. Damit ein empowertes Team in einem dynamischen Umfeld agil handeln kann, müssen auch alle Teammitglieder innerlich agil sein, also bereit sein, lieb Gewonnenes aktiv abzugeben und Neues zu lernen. Drei Aspekte helfen Ihnen dabei, diese Flexibilität zu trainieren:

- Wenn ich eine Rolle abgebe, die mir wichtig ist, dann sorge ich für eine gute Übergabe. Man wirft Rollen nicht einfach über den Zaun, sondern macht ein gutes Übergabegespräch. Wer eine Rolle abgibt, kann erläutern, was ihr oder ihm wichtig war.
- Wenn ich eine Rolle annehme, dann spreche ich im Team über die notwendige Unterstützung. Wer eine neue Rolle übernimmt, muss häufig Neues lernen. Das ist mit Unsicherheiten verbunden, ob man der Rolle auch gewachsen ist. Sprechen Sie im Team über diese Unsicherheiten, lassen Sie sich von Kolleginnen und Kollegen unterstützen, die für die Rolle erforderliche Kompetenz aufzubauen.
- Verändern Sie wenig, dafür aber kontinuierlich. Gerade im Tension Meeting hat sich gezeigt, dass Teams gut damit zurechtkommen, wenn 80 % der Rollen unverändert bleiben und 20 % besprochen und gegebenenfalls verändert werden. Zu viel Veränderung sorgt für zu viel Unruhe. Agilität braucht auch Stabilität.

Tipps

Ideen zur Umsetzung

Stellen sie sicher, dass wirklich alle relevanten Rollen im Team vergeben sind und nichts ungeklärt bleibt.

Hinterfragen Sie individuelle Stärken und Schwächen, wenn es um die Rollenverteilung bzw. Zuordnung geht.

Beginnen Sie mit einfachen Rollendefinitionen und lassen Sie diese mit der Zeit immer kleinteiliger werden.

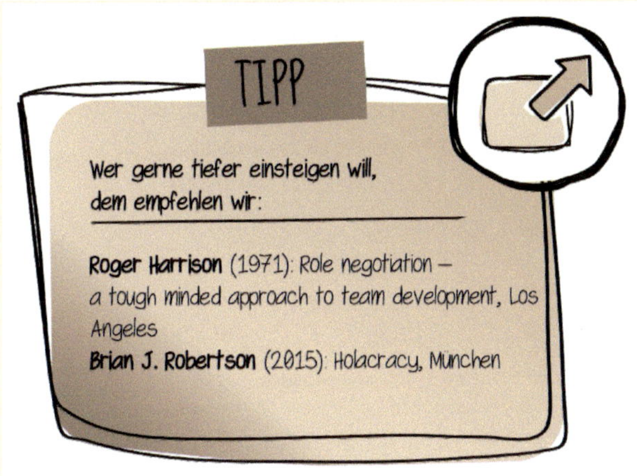

Abb. 25: Literaturtipps zu Flexible Roles

3.4 Agile Goals

3.4.1 Was ist unser Fokus?

Gemeinsame Ziele geben empowerten Teams Richtung und Motivation. In managergeführten Teams ist die Zielvereinbarung ein meist jährlicher Top-down-Ansatz. In Zeiten kontinuierlicher Veränderung ist das einerseits zu starr und unflexibel und führt andererseits nicht zu einem starken Engagement der Mitarbeitenden. Der OKR-Ansatz – Objectives und Key Results – übersetzt das klassische Zielvereinbarungsvorgehen in einen agilen Ansatz, der für empowerte Teams wie maßgeschneidert ist. Den Unterschied machen die folgenden Aspekte aus:

- **Fokus auf die Mission:** Alle Ziele sind direkt mit der Mission verbunden. Jedes Ziel ist ein bedeutender Schritt zur Erreichung der Mission.
- **Flexibilität:** OKR werden regelmäßig angepasst und überprüft. Auf diese Weise bleiben Teams agil, können auf Änderungen reagieren, eine neue Richtung festlegen und den Fokus auf das Wesentliche sicherstellen.
- **Eigenverantwortung:** OKR ermöglichen den Teams eine intensive Diskussion darüber, was erreicht werden soll. Die gemeinsame Definition der Ziele erhöht Motivation und Eigenverantwortung.

Der Einsatz von OKR unterstützt die Arbeit empowerter Teams hinsichtlich der folgenden Aspekte:

1. **Fokus:** Das Team definiert maximal fünf Objectives mit je vier Key Results. Hier gilt: Do less things more concrete.
2. **Eat the elephant in pieces:** Große Aufgaben werden in kleine Portionen aufgeteilt.
3. **Geschwindigkeit:** Durch die Arbeit in kurzen Zyklen steht das Streichen von Resultaten im Vordergrund.

4. **Verantwortung:** Alle Mitglieder empowerter Teams engagieren sich und übernehmen Verantwortung für die Erreichung der gemeinsamen Ziele.

Empowerte Teams definieren OKR auf Teamebene. Jedes Teammitglied leistet dann seinen Beitrag zur Erreichung der OKR.

Objectives und Key Results verfolgen spezifische Fragestellungen und haben unterschiedliche Charakteristiken (siehe Abb. 26).

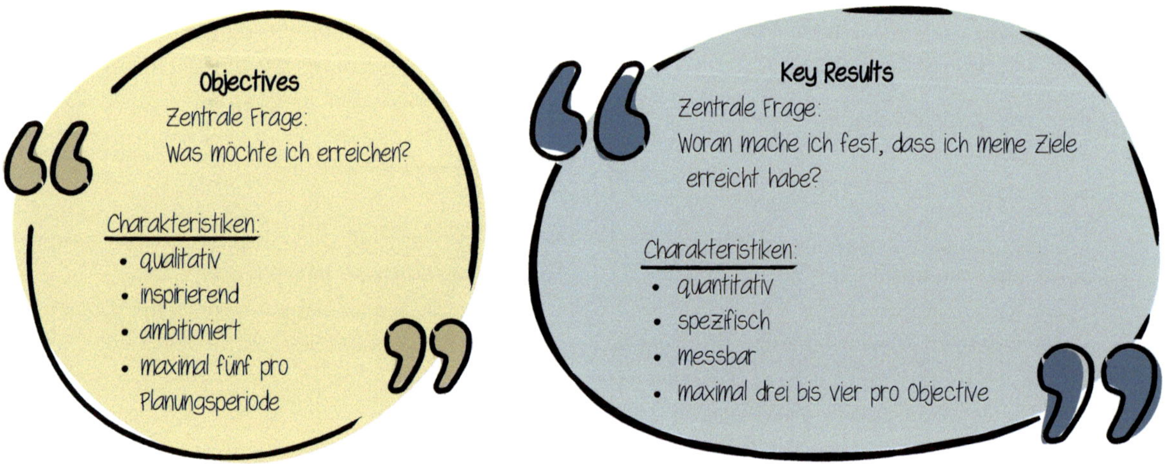

Abb. 26: Fragestellungen zu OKR

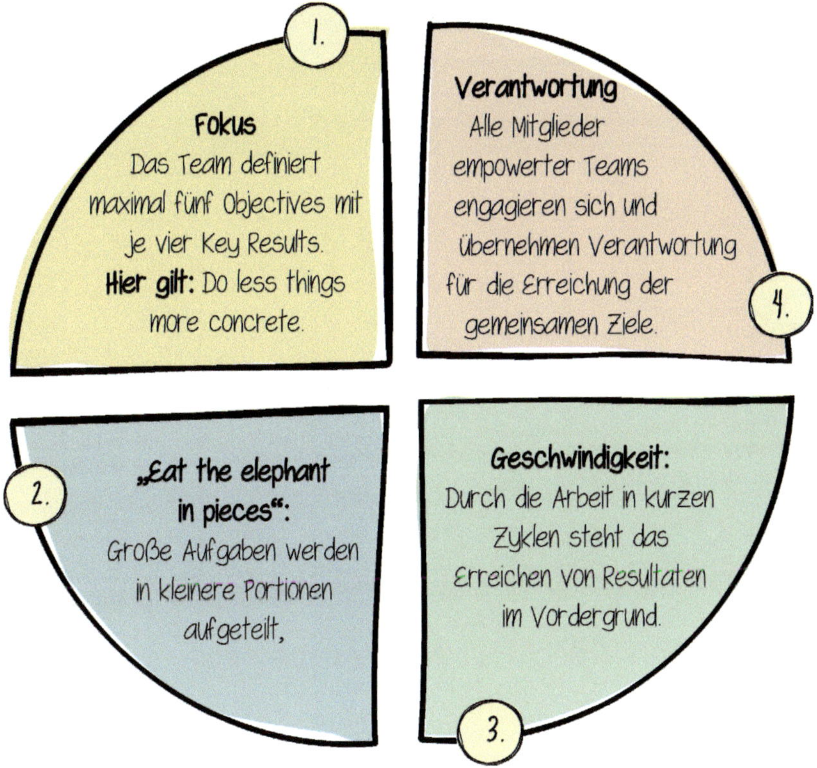

Abb. 27: Vorteile von OKR für empowerte Teams.

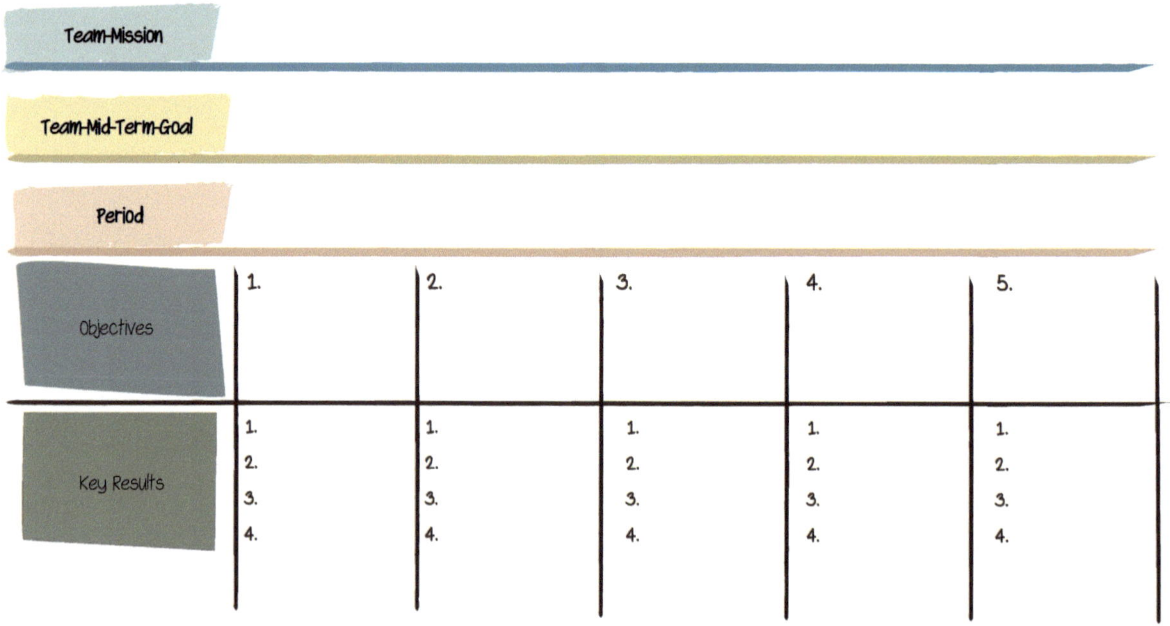

Abb. 28: Template zur Erstellung von OKR

3.4.2 Arbeit mit OKR

OKR werden in einem Workshop gemeinsam mit allen Teammitglieder definiert. Führen Sie hierzu ein offenes und ehrliches Gespräch, in dem Sie alle einladen, Vorschläge einzubringen. Zum Festhalten der OKR können Sie das OKR-Template verwenden (siehe Abb. 28).

Abb. 29: Vorgehensweise zur Erstellung von OKR

WORKSHOP ERSTELLUNG VON OKR

1. Team-Mission: Tragen Sie die bereits erarbeitete Mission des Teams ein. Die OKR richten sich an der Team Mission aus.
2. Mid Term Goal: Besprechen Sie im Team, was Sie im nächsten Jahr erreichen möchten. Je nach Kontext kann für das Mid Term Goal auch ein kürzerer oder längerer Zeitraum gewählt werden.
3. Zeitperiode: Definieren Sie die Zeitperiode für Ihre OKR. Wir empfehlen für den Anfang einen Zyklus von drei bis vier Monaten. Hoch innovative Teams nutzen kürzere Zeiträume – finden Sie nach ein paar Durchläufen die für Ihr Team passende Zeitperiode.
4. Legen sie maximal fünf Objectives für die definierte Zeitperiode fest. Welche sind die fünf Themen, auf die Sie sich im definierten Zeitraum fokussieren, um Ihrem Mid Term Goal näher zu kommen? Oft ist es hilfreich, an dieser Stelle mit einem Brainstorming zu starten und die Themen dann zu clustern und zu priorisieren. Sollten Sie sich mit der Definition der Objectives schwertun, dann starten Sie mit den Key Results.

3

5. Definieren Sie maximal vier Key Results für jedes Objective. Key Results beschreiben den Outcome, den Nutzen und nicht die Aufgaben zur Erreichung der Objectives.

Eine der größten Fallen bei der Einführung von OKR besteht darin, Objectives und Key Results zu definieren und sie dann zu vergessen. Um Leistung und Eigenverantwortung zu erhöhen, etablieren empowerte Teams eine Teamroutine und überprüfen regelmäßig ihren Fortschritt:

- **OKR Planung** (ca. 1–3 Stunden): Das Team definiert die wichtigsten Objectives und Key Results für eine definierte Zeitperiode, stimmt diese bei Bedarf ab und macht sie für die relevanten Personen sichtbar (siehe »An die Arbeit«).
- **OKR Weekly** (ca. 15–30 Minuten): In regelmäßigen Abschnitten (siehe »Dynamic Meetings«) wird der Fortschritt überprüft. So können Abweichungen oder Unterstützungsbedarfe zeitnah identifiziert und entsprechende Maßnahmen ergriffen werden.
- **OKR Review** (ca. 1–3 Stunden): Am Ende des definierten Zeitraums wird die Zielerreichung überprüft. Es werden neue OKR vereinbart oder bereits vorhandene angepasst, wenn sie noch nicht erreicht sind. Außerdem wird kritisch hinterfragt, was hinsichtlich der Anwendung der OKR verbessert werden kann.

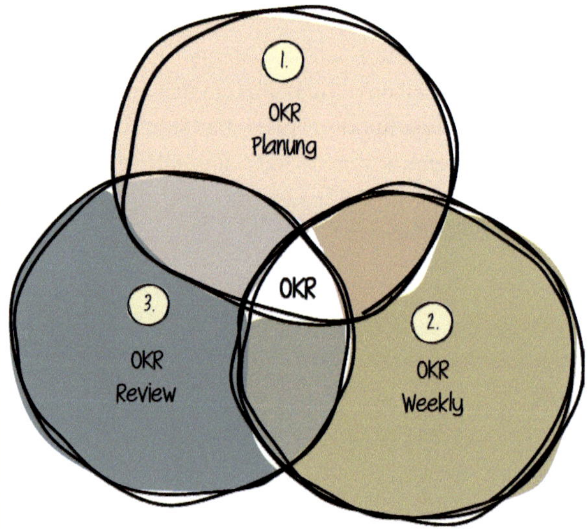

Abb. 30: OKR-Prozess

Nachfolgend ein OKR Beispiel aus dem Kundendienst.

BEISPIEL

Kundendienst OKR
Das Anliegen der Kunden wird sehr häufig erst mit dem zweiten Anruf/Chatkontakt geklärt.
Objective: Unser Kundendienst begeistert unsere Kunden.

Key Results:

- 75 % der Kunden bekommen ihr Anliegen mit dem ersten Anruf geklärt (aktuell: 60 %).
- 80 % der Kunden bekommen ihr Anliegen nach der ersten Chat-Anfrage geklärt (aktuell: 67 %).
- Die Kundenzufriedenheit wird von drei auf vier Sterne gesteigert.

Tipps

Objectives and Key Results

- OKR müssen Sinn machen. Das ist immer dann der Fall, wenn es um eine Veränderung des Status quo geht.
- Vermeiden Sie es, OKR zu kleinteilig zu definieren. OKR sind keine To-Do-Listen.
- Halten Sie bei der Erstellung der OKR die KPI des Teams im Blick (siehe Financial Accountability). OKR dienen allerdings nicht dem individuellen Performance Management.
- Seien Sie nicht bürokratisch. Der OKR-Ansatz bietet einen Rahmen. Dieser kann und darf angepasst werden.

3.5 Dynamic Meetings

3.5.1 Wie arbeiten wir zusammen?

Meetings empowerter Teams haben eine besondere Qualität: Alle sind informiert und abgestimmt. Alle sind engagiert und haben Spaß in den Meetings. Alle sind konzentriert und fokussieren sich darauf, was zu tun ist, um die gemeinsamen Ziele zu erreichen. Im Gegensatz dazu erscheinen herkömmliche Meetings häufig langwierig, mühsam und enden oft ohne Ergebnis. Sie kennen das vielleicht aus eigener Erfahrung: Meetings sind im besten Fall das Grau im Arbeitsalltag, häufig aber das Grauen.

Was machen empowerte Teams anders und wie erreichen Sie eine Qualität der Meetings, dass alle im Team diese als positiv erleben. Dynamisch Meetings sind effizient und fokussiert auf das, was wichtig ist und zeichnen sich durch die folgenden Eigenschaften aus:

- **Zeitliche Begrenzung:** Meetings haben einen klar definierten, meist kurzen, zeitlichen Rahmen, in dem fokussiert an klar definierte Themen gearbeitet wird. Im Vergleich zu herkömmlichen Meetings sind diese kürzer und knackiger. Wenn das Team den Eindruck hat, es

wird zu viel im Kreis diskutiert, dann wird das Meeting gekürzt.
- **Klare Regeln:** Die Teammitglieder haben ein gemeinsames Verständnis hinsichtlich der Inhalte, Methodik, Moderation, Rollen und Vorbereitung gemeinsamer Meetings. Meetings empowerter Teams sind äußerst diszipliniert.
- **Kleine Arbeitspakete:** Um effizient und flexibel arbeiten zu können, sind Projekte und Aufgaben in kleine Pakete unterteilt. In Meetings werden also nicht Grundsatzkonzepte besprochen, sondern nur diejenigen Inhalte, die das Team jetzt braucht, um weiterarbeiten zu können.
- **Schnelle Iterationen:** Die Arbeitspakete werden in kurzen Zeiträumen (Sprints) bearbeitet. Die Ergebnisse werden im Anschluss demonstriert. Erforderliche Änderungen können so – ganz nach dem »Fail Fast – Learn Fast«-Prinzip – frühzeitig erkannt werden und das Team kann darauf flexibel reagieren.

Definition Sprints

- Statt Marathon laufen wir Sprints. Lange Projekte oder große Aufgaben werden in kleine Teile untergliedert. Diese Teile bearbeiten wir in kurzen Zeitphasen, das ist der Sprint.
- Nach jedem Sprint stellen wir Zwischenergebnis vor, holen Feedback ein, passen an und sprinten weiter.
- Der Begriff kommt aus der Scrum-Methode und dauert üblicherweise zwei Wochen.
- Vereinfacht ist ein Sprint der Abstand zwischen zwei Kanban-Meetings. Entscheiden Sie, welcher Rhythmus für Ihr Team sinnvoll ist.

In diesem Kapitel stellen wir Ihnen die drei wichtigsten Meetingmethoden für empowerte Teams vor:
- *Das Kanban-Meeting:* Transparenz zu Arbeitsabläufen schaffen.
- *Daily Stand-ups:* tägliche Meetings zum Alignment innerhalb des Teams.
- *Retrospektiven:* regelmäßige Meetings zur Verbesserung der Zusammenarbeit im Team.

3.5.2 Kanban-Meeting

Auf einem Kanban Board visualisiert das Team alle relevanten Aufgaben und wer dafür verantwortlich ist. Ein Kanban Board hilft,
- Transparenz zu schaffen: Alle wissen, woran gearbeitet wird und wer den Hut für bestimmte Aufgaben trägt;
- sich auf das Wesentliche zu konzentrieren: Was nicht auf dem Board steht, hat keine Priorität;

- Flow zu erzeugen: Probleme und Konflikte werden schnell sichtbar und gemeinsam gelöst. Dadurch etabliert das Team automatisch einen kontinuierlichen Verbesserungsprozess.

Über Kanban Boards steuern sich empowerte Teams auf operativer Ebene. Die Mission definiert den Nordstern, die OKR sind Ziele auf dem Weg zur Mission, auf dem Kanban Board sind die wesentlichen Aufgaben, um die OKR zu erreichen.

In der einfachsten Form hat ein Kanban Board drei Spalten, die den Status der Aufgaben anzeigen: To Do, Doing, Done.

Abb. 31: Einfaches Kanban Board

3

In der To-Do-Spalte finden sich alle Aufgaben, die wichtig sind, an denen das Team aber aktuell nicht arbeitet. In der Doing-Spalte sind alle Aktivitäten, an denen das Team momentan arbeitet. Um Klarheit hinsichtlich der Verantwortlichkeiten sicherzustellen, wird der Name des Aufgaben-Verantwortlichen auf der Karte notiert, sobald sie in die Doing-Spalte gezogen wird. In der Done-Spalte sind alle erledigten Aufgaben. In einem regelmäßigen Kanban-Meeting überprüft das Team den aktuellen Arbeitsstand. Dabei stehen alle vor dem Board und berichten, wo sie bei ihren Aufgaben gerade stehen. Ist eine Aufgabe erledigt, wird die Karte in Done gezogen. Dadurch entsteht Platz in der Spalte Doing und es kann eine Aufgabe aus To Do hierhin gezogen werden.

Mit dem gesamten Team sollten Sie besprechen, wie häufig Sie das Kanban Board überprüfen möchten. Sie können beispielsweise ein wöchentliches Kanban-Meeting zu

Abb. 33: Kanban Board mit OKR

Beginn der Woche durchführen, um den Fokus für die Woche zu definieren. In einem solchen Meeting besprechen Sie die in der folgenden Woche zu erledigenden Aufgaben und hängen Aufgaben bei Bedarf um. Ziel des Meetings ist, Transparenz zu schaffen und auf Veränderungen zu reagieren. Initial empfehlen wir 60 Minuten für die Durchführung eines Kanban-Meetings. Wenn Sie feststellen, dass sich innerhalb einer Woche wenig verändert, dann vergrößern Sie die Abstände zwischen den Meetings. Im Laufe der Zeit finden sie dann heraus, welcher Zeitrahmen tatsächlich erforderlich ist.

Wenn Sie bereits etwas geübter in der Nutzung eines Kanban Boards sind, dann kann es hilfreich sein, das Kanban Board weiter auszugestalten:

- Strukturieren Sie das Board durch das Einfügen von Zeilen. In jeder Zeile steht dann ein OKR. So ließe sich das OKR Weekly einfach in ihr Kanban-Meeting integrieren und Sie machen nur ein Meeting.
- Unterteilen Sie für komplexere Abläufe mit aufeinanderfolgenden Prozessschritten die Doing-Spalte in weitere Schritte.
- Führen Sie ein Backlog ein, in dem Sie alle Aufgaben sammeln und dann zum Beispiel zu Beginn einer Woche überlegen, welche Aufgaben erledigt werden müssen. Diese ziehen Sie in die To-Do-Spalte.

Abb. 32: Vorgehen beim Backlog

Ein Backlog ist ein Themenspeicher, in dem alle Ideen und Themen gesammelt werden. Das Team priorisiert gemeinsam alle Themen im Backlog. Die hochpriorisierten Themen kommen in die To-Do-Liste und werden dann im Kanban abgearbeitet. Der Unterschied: Backlog ist ein Vorspeicher für alle Themen. Was in der To-Do-Liste ist, muss abgearbeitet werden.

3

BEISPIEL

Das eCommerce-Paketservices-Team eines internationalen Handelskonzerns definierte seine Mission: Etablierung des Lieferservices für unsere Kunden. Daraus leitete das Team die strategischen Objectives und Key Results bis zum Jahr 2025 ab. Ein Objective war: »Erweiterung des Produktangebots, das online bestellt werden kann«. Die Key Results: »70 % aller Waren, die im Markt gekauft werden können, sind auch online verfügbar. Der Bestellvorgang läuft zu 97 % fehlerfrei. Die Webseite hat im Vergleich zu unseren Wettbewerbern eine bessere Usability.« Ein weiteres Objective war, »Profitabel und leistungsfähig« zu sein. Ein Key Result für das Objective ist beispielsweise: »(Abteilungsübergreifende) Prozesse sind neu aufgesetzt«. Das eCommerce-Team hat daraus ein Kanban Board entwickelt und für die Arbeit damit das Board auf eine beschreibbare Wand im Büro gezeichnet. Oben auf der Wand standen für alle sichtbar die Mission und darunter die strategischen Objectives inklusive der Key Results. Auf der weiteren Fläche hat das Team dann das Board visualisiert. Das Objective »Profitabel und leistungsfähig« stand links am Anfang der ersten Zeile. Dann in dieser Zeile ein Key Result, das das Team innerhalb der nächsten drei Monate erreichen wollte. Zwischen Objective und Key Result hat das Team auf Post-its die Aufgaben geschrieben.

An die Arbeit

Ein Kanban Board erfordert bei der Implementierung wenig Formalität. Die Einführung eines Kanban Boards gestalten Sie gemeinsam mit dem ganzen Team. Organisieren Sie einen Team-Workshop und gehen Sie wie folgt vor:

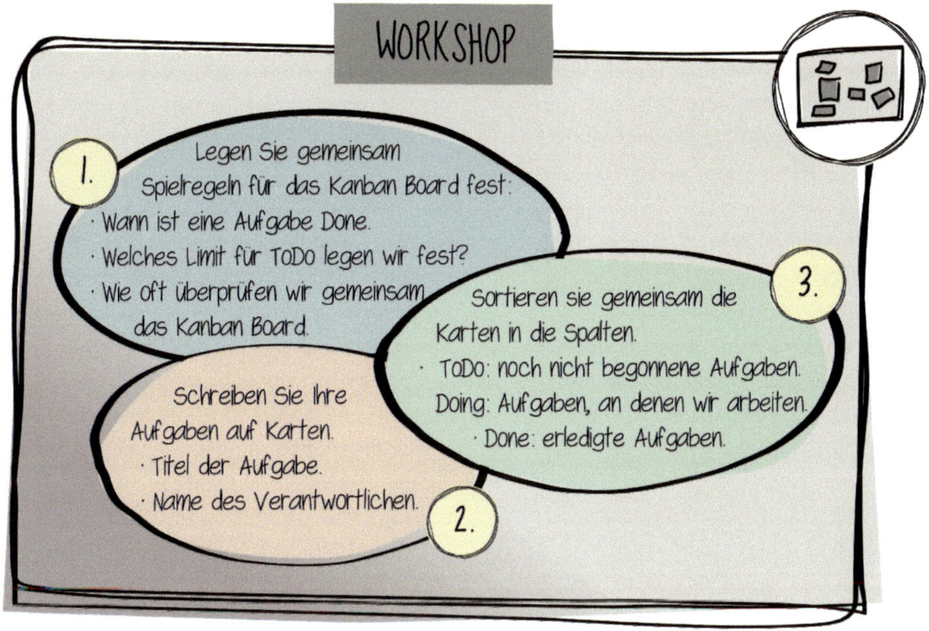

Abb. 34: Kanban-Workshop

3

WORKSHOP KANBAN

Legen Sie gemeinsam Spielregeln für das Kanban Board fest:

- Wann ist eine Aufgabe Done.
- Welches Limit für To-Do legen wir fest?
- Wie oft überprüfen wir gemeinsam das Kanban Board.

Schreiben Sie Ihre Aufgaben auf Karten:

- Titel der Aufgabe
- Name des Verantwortlichen

Sortieren sie gemeinsam die Karten in die Spalten:

- To-Do: noch nicht begonnene Aufgaben
- Doing: Aufgaben, an denen wir arbeiten
- Done: erledigte Aufgaben

Kanban sorgt für kontinuierliche Verbesserung

Das Kanban-Meeting sowie das Daily Stand-up (siehe Kap. 3.5.3) dienen einem regelmäßigen Abgleich der Teammitglieder hinsichtlich des Fortschrittes und der Zielerreichung. Diese Meetings sind geprägt von der Philosophie des japanischen Kaizen, auf Deutsch kontinuierlicher Verbesserungsprozess (KVP). Durch ein hohes Maß an Transparenz hinsichtlich des Status von Aufgaben, des Arbeitsfortschrittes und möglicher Schwierigkeiten werden Flow, Effizienz und Leistung erhöht:

- *Flow:* Unsere Arbeitsprozesse laufen rund und ohne Unterbrechungen.
- *Effizienz:* Wir konzentrieren uns auf das Wesentliche und vermeiden unnötige Extraarbeit.
- *Leistung:* Wir sind produktiver.

Die fortlaufende Visualisierung von Abläufen auf einem Kanban Board kann dabei helfen, Schwachstellen (»Was machen wir nicht gut«) oder Engstellen (»Wo fehlen uns Ressourcen oder Fähigkeiten«) zu identifizieren. Transparenz zu diesen Punkten ermöglicht das Ableiten von Maßnahmen, um einen möglichst gleichmäßigen Flow zu erzielen. Das heißt, ein Team analysiert seine Kanban-Prozesse regelmäßig, um die Effizienz der Arbeitsweise weiter zu verbessern. In der Anfangsphase ist es beispielsweise wichtig, ein gemeinsames Maß für den Umfang der Aufgaben auf einem Kärtchen zu finden. Hier gilt es, sich im Sinne des Kaizen-Prinzips iterativ einem effizienten Maß anzunähern. Was heißt das konkret? Überfordern Sie sich nicht mit dem Versuch, das perfekte Kanban Board zu erstellen. Fangen Sie klein an mit einer einfachen Struktur. Reflektieren Sie dann regelmäßig, wo die Struktur des Kanban Boards für Sie als Team funktioniert und was geändert werden muss.

3.5.3 Daily Stand-up

Ein Daily Stand-up oder kurz Daily hat einen klaren inhaltlichen Fokus: Was steht an, was müssen wir tun, wer kann die Aufgabe übernehmen?

Abb. 35: Vorgehen für Daily Stand-ups

WORKSHOP DAILY STAND-UP

1. Entscheiden Sie im Team, wie lange das Daily sein soll (15 bis max. 30 Minuten) und wie häufig Sie sich treffen sollen (täglich, jeden zweiten Tag, wöchentlich)
2. Klären Sie, wer für die Organisation und Moderation des Meetings verantwortlich ist (fortlaufende Verantwortung oder täglich/wöchentlich rollierende Verantwortung).
3. Legen Sie ggf. fest, wie häufig Sie einen Blick auf Ihr Kanban Board werfen und Aufgaben verschieben wollen.
4. Im Daily Stand-up hat jede Person eine bis max. zwei Minuten Zeit, um folgende Fragen zu beantworten:
   - Was habe ich seit gestern getan, um dem Team zu helfen, sein Ziel zu erreichen?
   - Was werde ich bis morgen tun, um dem Team zu helfen, das Ziel zu erreichen?
   - Was hindert mich oder das Team daran, das Ziel zu erreichen? Von wem brauche ich daher Unterstützung?

3

3.5.4 Retrospektive

In einer Retrospektive richtet das Team den Blick auf die Zusammenarbeit innerhalb des Teams. Anders als bei inhaltlich geprägten Daily Stand-ups liegt der Schwerpunkt der Retrospektive auf der Art der Zusammenarbeit: Wie arbeiten wir zusammen, welche Methoden nutzen wir, wie geht es uns aktuell? Eine Retrospektive dauert üblicherweise zwischen zwei und drei Stunden und wird als Teamroutine meistens alle drei Monate durchgeführt. Teams können das aber auch regelmäßig am Ende eines Sprints oder eines Projektes abhalten.

Abb. 36: Methoden für Retrospektiven

An die Arbeit

Für die Durchführung von Retrospektiven ist eine einfache Struktur nötig. Wir bieten Ihnen hier drei an, die Sie wahlweise nutzen können.

- *Start – Stop – Continue:* Was wollen wir im Team anfangen zu tun, aufhören zu tun und weiterhin machen, um unsere Zusammenarbeit zu verbessern?
- *Mad – Sad – Glad:* Was macht mich wütend, traurig und glücklich hinsichtlich der Zusammenarbeit im Team?
- *Liked – Learned – Lacked – Longed for:* Was gefällt mir, was habe ich gelernt, was fehlt mir und was wünsche ich mir hinsichtlich der Zusammenarbeit im Team?

Damit eine Retrospektive ihren Zweck erfüllt, muss sie moderiert werden. Teams können die Moderationsrolle intern vergeben und mit rollierenden Verantwortungen arbeiten. Fühlt sich das Team unsicher, sollte es einen externen Moderator dazu einladen: ein Mitglied eines anderen Teams, einen HR-Experten oder einen externen Coach.

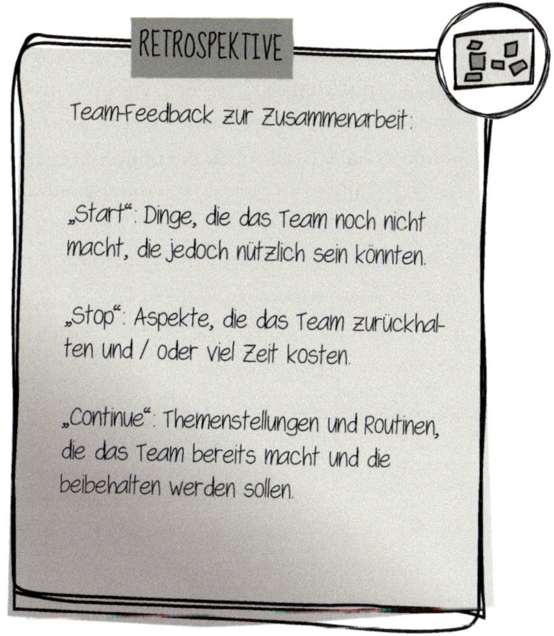

Abb. 37: Vorgehen bei Retrospektiven

3

WORKSHOP RETROSPEKTIVE

1. Den passenden Rahmen gestalten: Erzeugen Sie eine positive Atmosphäre und geben sie zu Beginn jedem die Möglichkeit, zu Wort zu kommen. Stellen Sie z. B. die folgende Frage: »Was ist Ihnen seit der letzten Retrospektive/dem Projektbeginn richtig gut gelungen?«
2. Beurteilung der Teamzusammenarbeit: Bitten Sie jedes Teammitglied, Rückmeldung zu den folgenden Fragen zu geben (die Fragen variieren je nach Methode):
   - Start: Dinge, die das Team noch nicht gemacht, die jedoch nützlich sein könnten.
   - Stop: Aspekte, die das Team zurückhalten und/oder viel Zeit kosten.
   - Continue: Themenstellungen und Routinen, die das Team bereits macht und die beibehalten werden sollen.
3. Clustern Sie die Post-Its und priorisieren Sie die Themen: Lassen Sie dadurch z. B. Teilnehmer ihre zwei wichtigsten Themen pro Kategorie (Start – Stop – Continue) benennen oder mit einem Punkt versehen (virtuell oder physisch).
4. Entscheiden Sie, was zu tun ist, und halten Sie dies fest: Verpflichten Sie sich alle zu den Dingen, die Sie in der nächsten Zeit starten, aufhören und weiterhin machen möchten.
5. Schließen Sie die Retrospektive ab, indem Sie alle Teammitglieder nach ihrem Befinden nach Verbesserungsvorschlägen für die nächste Retrospektive fragen.

Neben Retrospektiven, deren Fokus die Zusammenarbeit der Teammitglieder ist, sind Reviews ein weiteres wichtiges Meetingformat. Reviews zielen darauf ab, regelmäßig Feedback zum aktuellen Stand eines Produktes oder Services einzuholen. In einem Review präsentiert ein Team relevanten Personen und Stakeholdern den Arbeitsstand. Die Review-Teilnehmer haben dann die Möglichkeit, die Ergebnisse zu betrachten und zu prüfen, ob diese den gestellten Anforderungen entsprechen. So werden Meinungen, Verbesserungsvorschläge, Lob und Kritik eingeholt, die dann in der nächsten Iteration berücksichtigt und umgesetzt werden.

3.5.5 Feedback funktioniert nur mit psychologischer Sicherheit

Feedback ist eine der wesentlichen Kompetenzen empowerter Teams. Hier zeigt sich eine fundamental andere Einstellung aller Teammitglieder und eine ganz andere Entschlossenheit. Feedback ist der Katalysator für Lernen und Lernen ist die Voraussetzung für Agilität, Veränderung und Innovation. Wie wichtig das in einem dynamischen Umfeld ist, haben wir an vielen Stellen dieses Buches betont. Nun ist Feedback als Thema auch in traditionellen Unternehmen und managergeführten Teams bekannt. Doch wird hier Feedback eher in homöopathischen Dosen und oft nur im Rahmen des jährlichen Mitarbeitergesprächs gegeben.

Empowerte Teams wissen, wie wichtig Feedback für die Qualität der Zusammenarbeit ist und wie schwer echtes, ehrliches, direktes Feedback ist. Gerade deshalb nutzen empowerte Teams strukturierte Methoden wie die Retrospektive. Sie vertrauen nicht darauf, dass sich alle Teammitglieder bei gegebenem Anlass Feedback geben werden. Sie verpflichten sich und legen Feedbackprozesse fest.

Warum aber fällt uns Feedback so schwer? Die Antwort liegt in den menschlichen Grundbedürfnissen. Zwei der zentralen menschlichen psychischen Grundbedürfnisse sind in diesem Zusammenhang wichtig: das Bedürfnis nach Bindung und das Bedürfnis nach Selbstbestimmung. Wenn ich jemandem Feedback gebe, dann gehe ich immer das Risiko ein, dass die andere Person gekränkt reagiert und sich von mir distanziert. Es könnte Probleme in unserer Beziehung geben und das Bedürfnis nach Bindung wird bedroht. Ebenso ist das Bedürfnis nach Selbstbestimmung ein Hemmnis für Feedback. Wenn ich einem anderen Feedback gebe, schränke ich ihn oder sie dadurch ein? Neben den Bedürfnissen spielt auch die Kultur, in der wir groß geworden sind, eine Rolle für unser Feedbackverständnis. Sind wir in einer offenen Kultur aufgewachsen, ist Feedback eher normal. Sind wir in einer hierarchischen, vielleicht sogar totalitären Kultur sozialisiert, dann gehen wir mit Feedback eher vorsichtig um. Wir können hier nicht tiefer in die Psychologie von Feedback einsteigen, doch eines ist klar: Feedback ist kein Selbstläufer. Die allermeisten Menschen tun sich schwer damit.

Deshalb braucht es einerseits Methoden, die uns helfen, und andererseits psychologische Sicherheit. Letztere erreichen wir, indem das Team Spielregeln zum Umgang mit Feedback vereinbart. Die Leitfrage ist ganz einfach: »Was ist dir wichtig, damit du mein Feedback annehmen kannst?«

3

Wenn Sie diese Frage besprechen, kommen Sie schnell zu pragmatischen Feedbackregeln. Und mit jeder Retrospektive nimmt der Grad der psychologischen Sicherheit zu.

3.5.6 Etablierung einer Meetingstruktur

Jedes Meeting für sich hat ein klares Ziel: OKR-Meetings zur gemeinsamen Definition und regelmäßigen Überprüfung der Ziele, Daily zur täglichen Abstimmung, Retrospektiven zur Verbesserung der Zusammenarbeit, Kanban zur Überprüfung und Optimierung der Aufgaben. Damit Sie bei all den Meetings nicht den Überblick verlieren, sollten Sie einen Meetingkalender aufsetzen. Hier finden Sie zwei Beispiele, wie dieser gestaltet werden kann.

- Welche Meetings benötigen wir?
- Wie lange soll jedes Meeting angesetzt werden? (Machen Sie lieber kürzere Meetings, die sind in der Regel produktiver.)
- Wie oft brauchen wir die Meetings?

Wenn Teams neu zusammenarbeiten, sind häufigere Meetings sinnvoll. Sie haben einfach mehr offene Fragen und Abstimmungsbedarf. Sobald ein Team eingespielt ist, können Sie die Häufigkeit reduzieren. Wie Sie die Meetings gestalten, sollte immer ein Feedbackaspekt ihrer Retrospektive sein. Dadurch stellen Sie sicher, dass die Meetings immer zielführend sind und sich keine Meeting-Langeweile breitmacht.

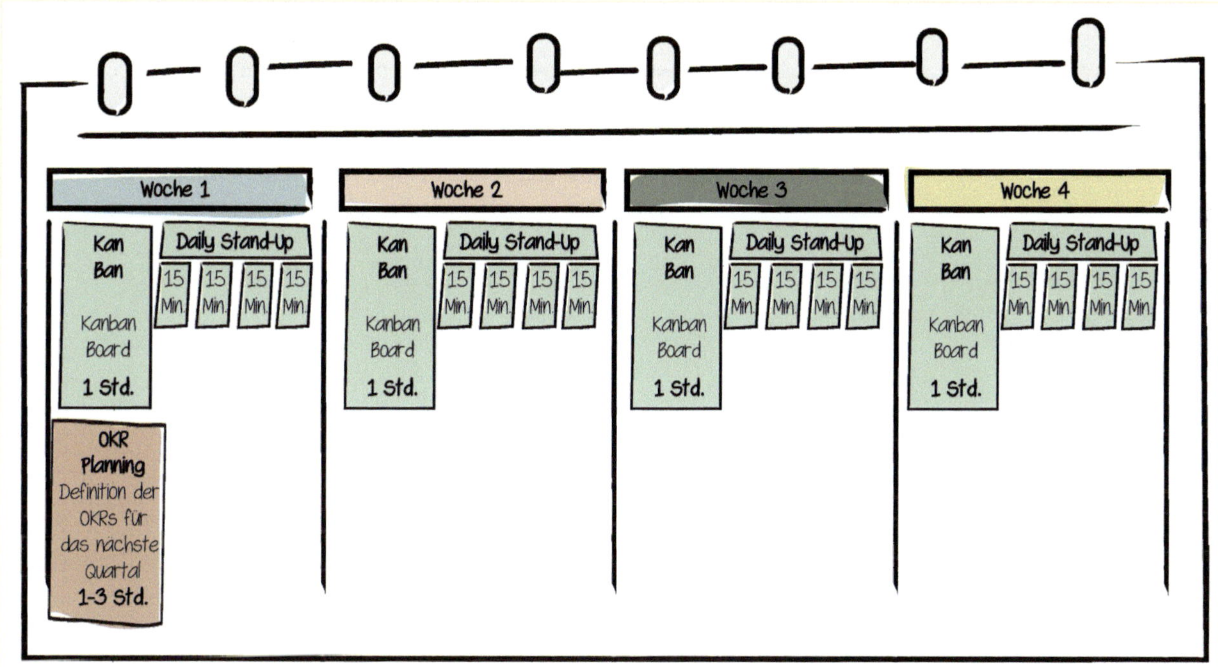

Abb. 38: Meetingkalender für einen Monat

3

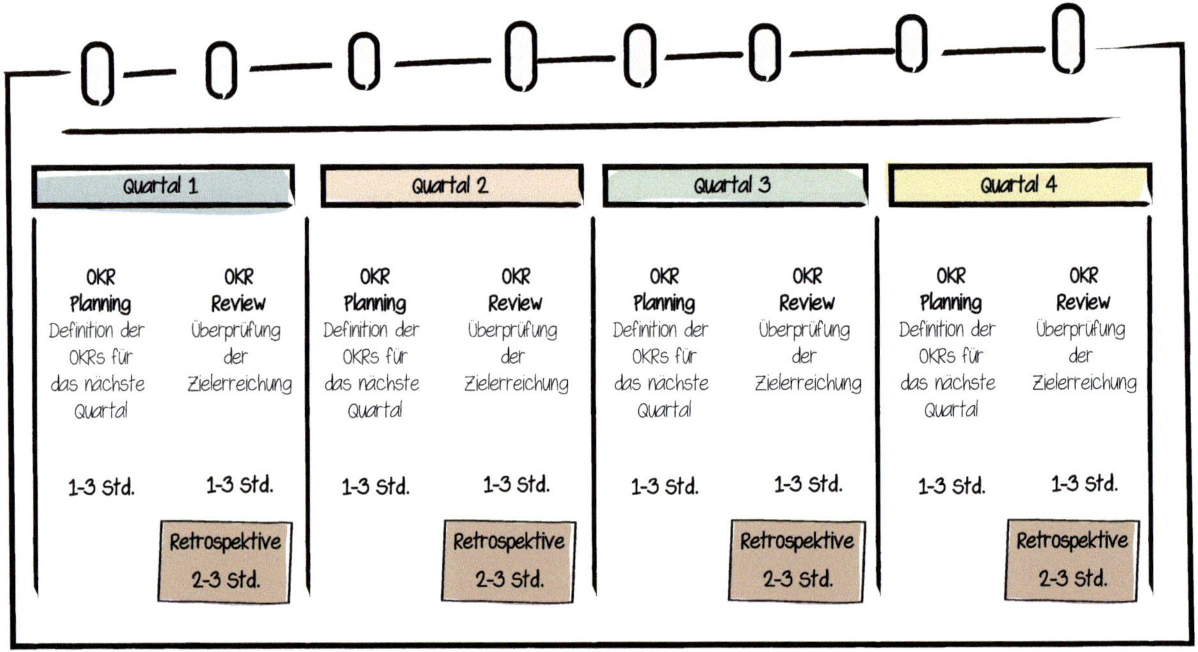

Abb. 39: Meetingkalender für ein Jahr

Abb. 40: Literaturtipps

3.6 Fast Decisions

3.6.1 Wie treffen wir robuste Entscheidungen?

Empowerment heißt, Entscheidungen treffen. Die Schwierigkeit ist nur, wie machen wir das? Die meisten Teams kennen nur zwei Arten der Entscheidungsfindung: top-down durch die Hierarchie oder gemeinsam im Konsens. Jedes für sich alleine ist für empowerte Teams nicht ideal.

Warum Top-down-Entscheidungen in empowerten Teams nicht passend sind

In managergeführten Teams werden Entscheidungen meist von der Führungskraft getroffen. Das ist auf den ersten Blick schnell und einfach. Auf den zweiten Blick zeigen sich die Nachteile. Die Führungskraft hat zum einen oft nicht in allen Themen die notwendige Expertise, um eine inhaltlich fundierte Entscheidung zu treffen. Also ist es besser, wenn diejenigen im Team, die nah an der Sache sind, entscheiden. Zweiter Nachteil: Wenn immer nur die Führungskraft entscheidet, lehnen sich alle anderen zurück und werden inaktiv. Der dritte Nachteil ist mangelnde Geschwindigkeit der Entscheidungen. Auf Dauer wird die Führungskraft zum Flaschenhals und macht das Team langsam. In Kap. 3.2 *Reframing Authority* definieren Führungskraft und Team, wer welche Entscheidungsbefugnis besitzt. Natürlich gibt es auch Themen, die allein durch die Managerin getroffen werden. Doch sollte sich die Anzahl dieser Themen im Rahmen halten, denn reine Top-down-Entscheidungen passen nicht in empowerte Teams. In diesem Kapitel stellen wir Ihnen drei andere Entscheidungsarten vor und zeigen, wofür sich diese eignen.

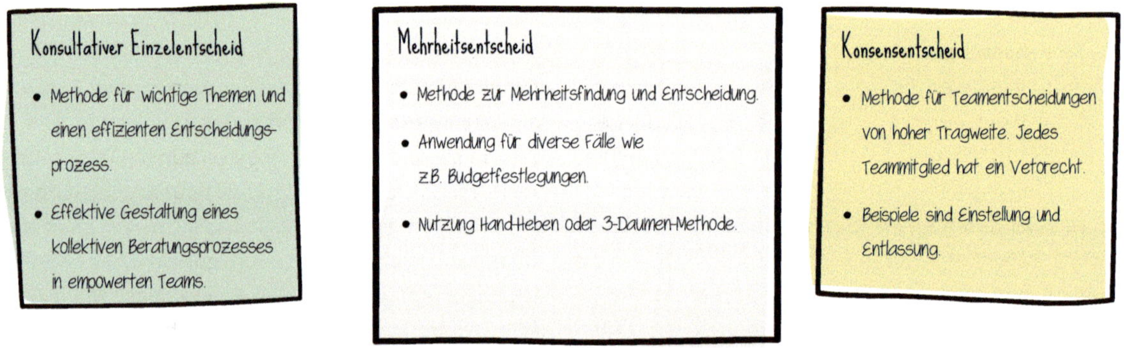

Abb. 41: Entscheidungsmethoden in empowerten Teams

3.6.2 Konsensentscheidungen

Konsens ist die Verpflichtung, so lange zu diskutieren, bis alle die Entscheidung mittragen. Jedes Teammitglied hat faktisch ein Vetorecht. Wir brauchen Konsensentscheidungen im Team, aber viel seltener als wir glauben. Mission und Purpose braucht die Unterstützung von allen, strategische Weichenstellungen ebenso oder Spielregeln im Miteinander. In diesen Fällen lohnt es sich, so lange zu sprechen, bis alle überzeugt sind. Im Alltag jedoch ist eine Konsensentscheidung selten angebracht. Im Gegenteil achten Sie als Team darauf, nicht in die Konsensfalle zu tappen. Wir sehen an vielen Beispielen etwa in der Politik, wie langwierig und langsam diese Art von Entscheidungsfindung sein kann und wie dadurch Verantwortlichkeiten unscharf werden. Man kann sich sprichwörtlich hinter anderen verstecken. Und Personen, die sich nicht verantwortlich fühlen, werden auch nicht aktiv. Zugleich beginnen Menschen, die unsicher sind, »Ja, aber«-Diskussionen und vermeiden Entscheidungen. Konsensentscheidungen bieten sich für empowerte Team also nur bei Themen an, bei denen Einstimmigkeit wichtig ist, damit alle im Team die Entscheidung ehrlich mittragen.

BEISPIEL

Konsensentscheid

In einem großen Softwareunternehmen gilt die Regel: Wenn neue Teammitglieder eingestellt werden, dann haben alle im Team mitzusprechen. Die Führungskraft ist verantwortlich für die Vorauswahl der Kandidatinnen und die Moderation des Prozesses. Ausgewählte Teammitglieder führen die Vorstellungsgespräche. Im gesamten Team wird dann entschieden, ob eine Kandidatin eingestellt wird. Auf die Frage, warum man so vorgeht und nicht einfach die Führungskraft entscheiden lässt, antwortete ein Teammitglied: »Wir müssen ja mit der neuen Kollegin zusammenarbeiten. Um Konflikte zu vermeiden, treffen wir diese Entscheidung im Konsens. Wenn dann jemand Neues ins Team kommt, dann sind wir alle überzeugt, es gibt nicht die üblichen Konflikte und alle arbeiten aktiv daran mit, die neue KollegIn zu integrieren.«

3.6.3 Schnelle Mehrheitsentscheidungen

Für viele Themen im Alltag von empowerten Teams reicht eine Mehrheitsentscheidung. Das ist die schnellste Methode und sie passt auch am besten zum agilen Mindset. Das Team stimmt ab und wenn 51% dafür sind, wird die Entscheidung umgesetzt. Verzichten Sie bewusst auf Konsens, wenn eine einfache Mehrheit gut genug ist. Schließlich können Sie in den Retrospektiven regelmäßig über Entscheidungen reflektieren und diese bei Bedarf revidieren.

Die Drei-Daumen-Methode ist schnell und einfach. Daumen hoch heißt klare Zustimmung. In dem Fall muss die Entscheidung auch nicht mehr begründet werden. Das spart Zeit und Energie. Der Daumen in der mittleren Position hingegen zeigt, dass man als Teammitglied zwar nicht begeistert ist, die Entscheidung jedoch nicht blockiert. Vor allem aber trägt man die Entscheidung mit. Für den Mehrheitsentscheid gelten Daumen hoch und Daumen in mittlerer Position somit als Zustimmung. Der Daumen runter heißt »Ich bin dagegen«. In Teamabstimmungen wird so eine umfassendere Positionierung Einzelner sichtbar. Und es kann im Nachgang oder während der Abstimmung weitere Austauschprozesse anregen.

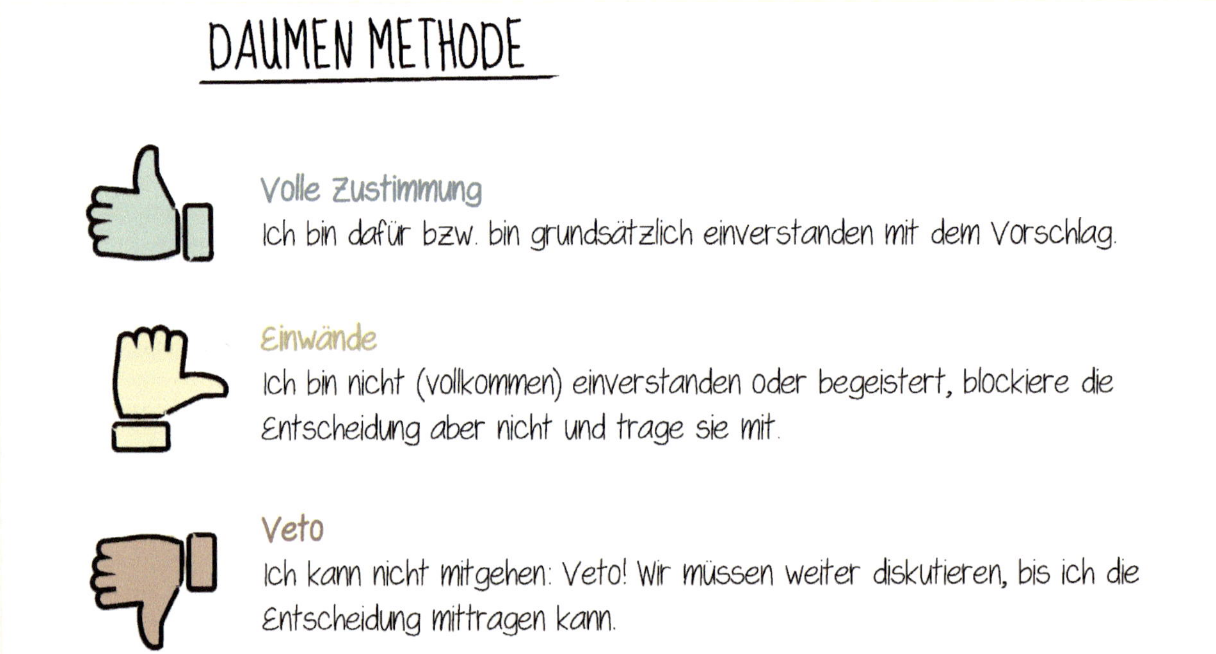

Abb. 42: Die Drei-Daumen-Methode

Legen Sie im Team eine Spielregel fest: »Lasst uns lieber schnell entscheiden ohne lange Diskussion, aber lasst uns die Entscheidung nach ein paar Wochen überprüfen.« Dadurch leben Sie das »Fail Fast-Learn Fast«-Prinzip. Sie entscheiden, Sie probieren es aus, Sie schauen sich nach ein paar Wochen an, wie die Resultate der Entscheidung sind. Wenn die Entscheidung nicht zum gewünschten Ergebnis führt, entscheiden Sie eben neu. In der Praxis ist dieses Vorgehen deutlich effektiver als langwierige Diskussion, die ohne Entscheidung enden.

3.6.4 Konsultativer Einzelentscheid

Die Methode des konsultativen Einzelentscheids ist schnell und stellt gleichzeitig eine gute Abstimmung im Team sicher. Anders als der schnelle Mehrheitsentscheid eignet sich diese Methode für wichtige Themen, bei denen Risiken genauer abzuwägen sind. Die Kernidee des konsultativen Einzelentscheids ist:

- Verantwortung wird nicht geteilt.
- Gleichzeitig kommt es zu einer effizienten Meinungsbildung.

Wer die Verantwortung für ein Thema hat, trifft die Entscheidung und hat dadurch auch die Verantwortung für deren Umsetzung. Einzige Bedingung: Dieses Teammitglied muss sich vor einer Entscheidung Rat einholen und ausgewählte Kolleginnen konsultieren. Durch die gezielte Beteiligung ist einerseits eine hohe Qualität der Entscheidung sichergestellt und durch die klare Verantwortung wird andererseits das Risiko der Konsensfalle begrenzt. Wie viele Personen konsultiert werden, hängt vom Thema ab. Spielregel ist jedoch: Die Betroffenen der Entscheidungen und die relevanten Experten müssen gehört werden.

BEISPIEL

Konsultativer Einzelentscheid
Jenny ist Sachbearbeiterin in einem Buchhaltungsteam. Im Rahmen der Teamroutine Flexible Roles hat das Team gemeinsam entschieden, dass Jenny noch eine weitere Rolle hat. Sie kümmert sich um Digitalisierungs- und Automatisierungspotenzial. In dieser Rolle schlägt Jenny vor, eine Software zu kaufen, die Belege automatisch einscannt. Früher ist bei solchen Themen im Team eine wilde Diskussion losgegangen. Jeder hatte eine Meinung und die gingen meist in völlig unterschiedliche Richtungen.

3

> Heute lebt das Team den konsultativen Einzelentscheid. Jenny ist überzeugt von ihrem Vorschlag, holt sich jedoch wie verabredet Rat. Vorab wurde im Team festgelegt, wen Jenny konsultieren muss für konkrete Entscheidungen ihrerseits. Sie stellt diesen ausgewählten Kolleginnen die Software vor und bittet um Feedback. Sie holt also die Meinung der Betroffenen ab. Sie spricht außerdem mit einem Kollegen aus der IT, ob die Software in die Systemlandschaft des Unternehmens passt. Das ist die Expertenperspektive. Auch mit dem Bereichsleiter Controlling und Accounting spricht sie, ob dieser ein Budget zur Verfügung stellen würde. Nach all den Konsultationen stellt Jenny im Kanban-Meeting ihre Entscheidung vor und begründet, welche Ratschläge sie integriert hat. Es gibt hier keine weitere Diskussion, weil das Team Jennys Verantwortlichkeit respektiert.

Der konsultative Einzelentscheid garantiert wechselseitiges Feedback und ist zugleich eine Form von Checks-and-Balances. Individuelle Freiheiten erfordern ein Gegengewicht. Dadurch entsteht soziale Kontrolle. Er schafft ein hohes Vertrauen dahingehend, dass wir Entscheidungen treffen, die sicher genug sind, um sie auszuprobieren. Und genau das ist auch das Mantra vieler empowerter Teams. Sie fragen nicht »Ist das die einzig richtige Entscheidung?«, sondern »Ist die Entscheidung gut genug und sicher genug, dass wir sie ausprobieren können?«.

Tipps

Fast Decisions

Vermeiden Sie die Konsensfalle – es kann nicht alles gemeinsam durch das Team im Konsens entschieden werden.
Sie werden umso schneller im Team, je klarer Sie Entscheidungen auf Einzelpersonen delegieren (z. B. durch konsultativen Einzelentscheid). Das Recht zu entscheiden ist zeitlich und thematisch stark eingeschränkt und wird kontinuierlich neu vergeben.

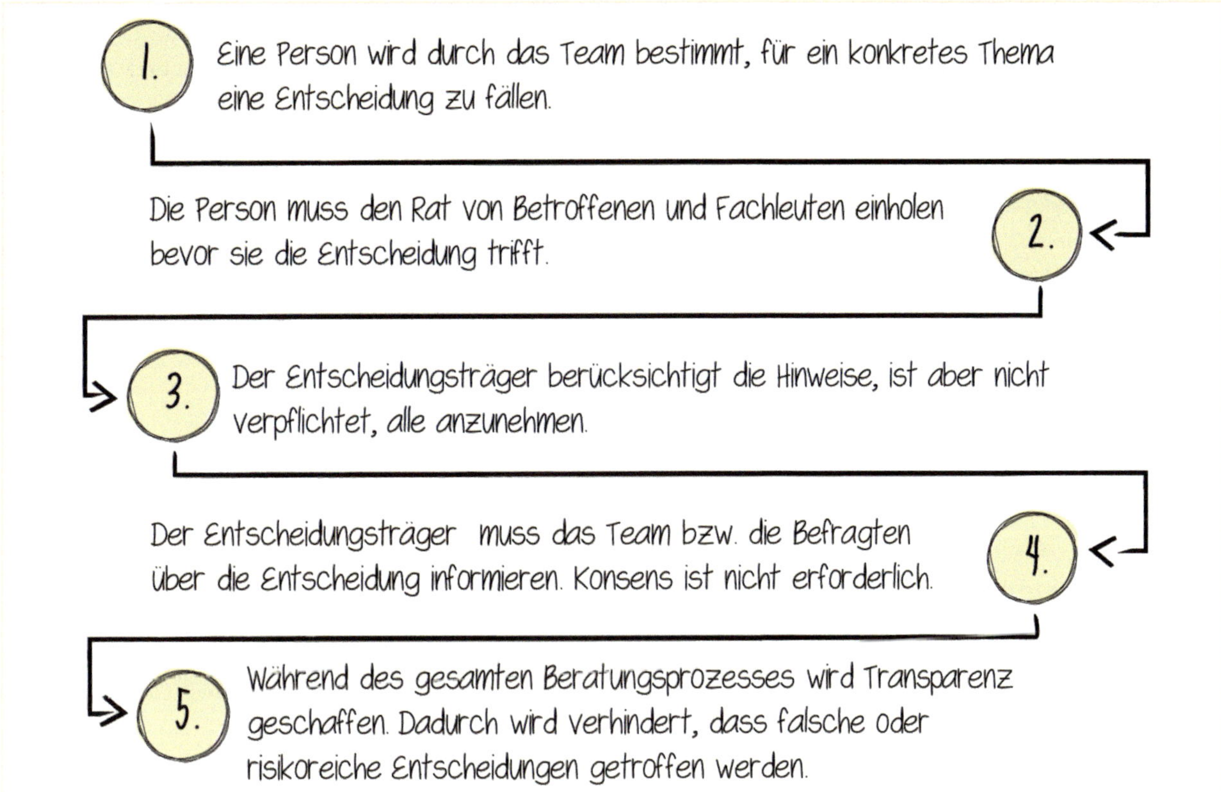

Abb. 43: Konsultativer Einzelentscheid

3

KONSULTATIVER EINZELENTSCHEID

Wie der konsultative Einzelentscheid die Geschwindigkeit erhöht

- **Solide Entscheidungen:** Das Einholen von Ratschlägen von mehreren Beteiligten führt zu fundierten Entscheidungen.
- **Schnellere Entscheidungen:** Der Zwang, nicht jeden Aspekt in die Entscheidung einbeziehen zu müssen, vermeidet schlechte Kompromisse und beschleunigt die Entscheidungsfindung.
- **Commitment:** Die Notwendigkeit, andere über die getroffene Entscheidung zu informieren, fördert die Teamarbeit.
- **Verantwortlichkeit:** Diejenigen, die die Entscheidung treffen, sind auch für die Ausführung der Entscheidung verantwortlich.

Vorgehen

1. Eine Person wird durch das Team bestimmt, für ein konkretes Thema eine Entscheidung zu fällen.
2. Die Person muss den Rat von Betroffenen und Fachleuten einholen, bevor sie die Entscheidung trifft.
3. Der Entscheidungsträger berücksichtigt die Hinweise, ist aber nicht verpflichtet, alle anzunehmen.
4. Der Entscheidungsträger muss das Team bzw. die Befragten über die Entscheidung informieren. Konsens ist nicht erforderlich.
5. Während des gesamten Beratungsprozesses wird Transparenz geschaffen. Dadurch wird verhindert, dass falsche oder risikoreiche Entscheidungen getroffen werden.

3.7 Financial Accountability – Woran messen wir unseren Erfolg?

Empowerte und autonome Teams werden manchmal mit gemütlichen Kuschelrunden gleichgesetzt. Und vor allem sehr hierarchische Unternehmen glauben fest, dass Erfolg nur durch die strenge Kontrolle eines Chef funktioniert: »Wenn die Katze aus dem Haus ist, dann tanzen die Mäuse auf dem Tisch.« Beide Annahmen sind Fehleinschätzungen. Das Gegenteil von gemütlich oder undiszipliniert ist der Fall bei echten empowerten Teams. Diese übernehmen die unternehmerische Ergebnisverantwortung für ihr Thema und lenken sehr diszipliniert die eigene Leistung.

Die Teammitglieder agieren als Intrapreneure, also als Unternehmer im eigenen Unternehmen, und steuern die Teamperformance selbstverantwortlich und systematisch. Es ist nicht unüblich, dass sie sich um Sponsoren kümmern müssen, die bewusst eine finanzielle Investition für sie bereitstellen. Die Teams müssen also nicht nur sich selbst, sondern auch ihren Stakeholdern gegenüber sehr transparent sein bezüglich der effizienten Nutzung von (finanziellen) Ressourcen. Dazu vereinbaren sie wirtschaftliche Leistungsindikatoren und einen Prozess, wie sie die Leistung überwachen. Die Leistungsindikatoren werden auch Kennzahlen oder KPI (Key Performance Indicator) genannt.

BEISPIEL

Produktentwicklungsteam

Das Produktentwicklungsteam eines Küchenhersteller hat eine anspruchsvolle Mission: Wir digitalisieren das Kochen. Ziel ist, Backöfen mit Sensoren auszustatten und internetfähig zu machen, sodass sie Informationen zum Beispiel ans Handy schicken können oder selbstständig messen, wann der Kuchen fertig ist. Um die Mission zu erreichen, erstellt das Team einen Businessplan. Für die Entwicklung der Backöfen ist Investitionsbudget erforderlich. Also macht sich das Team im Konzern auf die Suche nach Investoren. Ein Bereichsleiter ist von der Idee begeistert und stellt die notwendigen Mittel zur Verfügung. Allerdings unter einer strengen Voraussetzung. Im Verlauf der Produktentwicklung verlangt er, dass das Team klare wirtschaftliche Meilensteine definiert. Nach drei Monaten muss das Team einen externen Händler gewinnen, der einen Prototypen mitfinanziert. Nach weiteren sechs Monaten muss das Team 20 Testkunden gewinnen, die Zeit in das Testen des Produkts investieren. Danach folgen klare Umsatz- und Ergebnisziele. Das Team selbst hat die Herausforderung angenommen. In den Teamräumen hängen an mehreren Stellen Monitore, die den wirtschaftlichen Fortschritt zeigten. Dadurch kann das Team den eigenen unternehmerischen Erfolg besprechen.

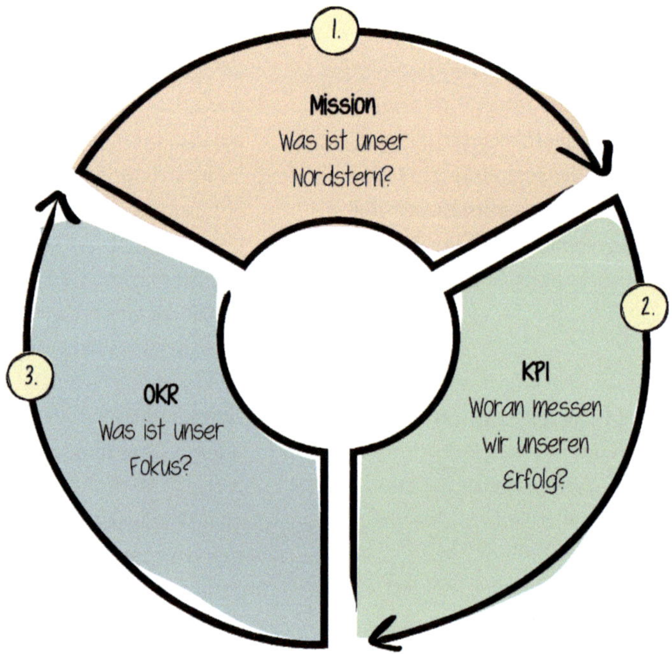

Abb. 44: Überblick Purpose-OKR-Kennzahlen

Das Ziel des Teams bleibt weiterhin durch Mission und Purpose beschrieben. Die OKR sind die Meilensteine auf dem Weg dorthin. Die Leistungsindikatoren zeigen sehr transparent, ob man auf dem richtigen Weg ist. Die Leitfrage ist: Machen wir die richtigen Dinge und zahlen diese auch auf unseren wirtschaftlichen Erfolg ein?

Umsetzung einer Financial Accountability

Die gezielte Umsetzung einer Financial Accountability in empowerten Teams bleibt zugleich die schwierigste Teamroutine. Daher lassen einige Teams zu Beginn diesen Teil aus und gestalten die Zusammenarbeit lediglich mit agilen Zielen (OKR). Es ist verständlich, schließlich weicht diese Teamroutine besonders stark von der üblichen Logik in managergeführten Teams ab.

Managergeführte und empowerte Teams

Managergeführte Teams

- Die Führungskraft übernimmt die Verantwortung für den Teamerfolg. Teammitglieder fühlen sich für ihre Aufgaben verantwortlich.
- Keine Transparenz über Leistung, da es sich um ein sensibles Thema handelt. Diskussionen finden hinter verschlossener Tür statt.
- Die Leistung wird nur einmal im Jahr überprüft. Oft ohne vereinbarte Kriterien.
- Niedrige Leistung bewirkt oft ein hartes Eskalationsgespräch.

Empowerte Teams

- Das Team übernimmt die volle Verantwortung für seinen eigenen Erfolg. Es agiert als eine Gruppe von Unternehmern mit der Ambition, wirtschaftlichen Wert zu schaffen.
- Das Team schafft ein Höchstmaß an Transparenz und etabliert eine Kultur der offenen Kommunikation über Leistungsfragen.
- Leistungstransparenz und -überwachung ist eine permanente Teamroutine.
- Geringe Leistung führt zu einer konstruktiven Diskussion. Wie können wir uns unterstützen? Haben wir jeweils die richtige Rolle?

Empowerte Teams verwenden objektive Daten, um ihren Fortschritt zu messen und ständig zu überprüfen, ob sie auf dem richtigen Weg sind. Diese datenbasierten Leistungskriterien ersetzen Wahrnehmungen und Interpretationen und führen zu einem deutlich klareren Bild. Um es einfach zu halten, einigen sich die Teams auf einen kleinen Satz überschaubarer Kriterien ohne großen administrativen Aufwand.

3

Dazu messen sie ihre Leistung auf einer täglichen, wöchentlichen oder monatlichen Basis. Und das Wichtigste ist, dass sie die Leistung gemeinsam als Team überwachen. Leistung wird sichtbar und damit diskutierbar. Das ermöglicht ihnen, offene Diskussionen zu führen. So werden ebenso schlechte Leistungen angesprochen und es wird offen darüber geredet, was geändert werden muss. Leistungsdiskussionen dienen dem Lernen und der gegenseitigen Unterstützung, nicht der Schuldzuweisung.

Je häufiger Leistungsmessung mit anschließender Diskussion im Team als Routine implementiert ist, desto eher hat man sich dem Prinzip »Fail Fast – Learn Fast« angenähert. Es kann auch zu der Situation kommen, dass ganze Teams oder einzelne Teammitglieder die Erwartungen nicht erfüllen. Das sind schwierige Diskussionen. Doch die Teams lernen auch diese ehrlich, respektvoll und wertschätzend zu führen. Denn Ergebnisverantwortung bedeutet eben auch, Verantwortung für ausbleibende Ergebnisse zu übernehmen und sich zum Beispiel zu fragen, ob man mit den eigenen Talenten vielleicht eine nicht passende Rolle übernommen hat. Wir wollen hier das Bild aber nicht zu düster malen. Denn in der Praxis zeigt sich durch gelebte Ergebnisverantwortung ein anderes Bild. Die offene Kommunikation über Leistung ermöglicht dem Team und den Teammitgliedern schnell zu lernen. Und das führt insgesamt zu einem nachhaltig guten Ergebnis.

An die Arbeit

Beginnen Sie damit, sich gemeinsam mit dem Team einen Überblick zu verschaffen, wie eine sichtbare Leistungsmessung von Teamerfolgen möglich ist. Gestalten Sie dazu eine Diskussion im gesamten Team und legen Sie sich auf zwei bis fünf Leistungsindikatoren fest, die spezifisch, leicht messbar und vor allem durch das Team beeinflussbar sind. Zum Beispiel wachsende Marktanteile mit einem Produkt, Produktentwicklungsinvestitionen oder Benutzerfeedback.

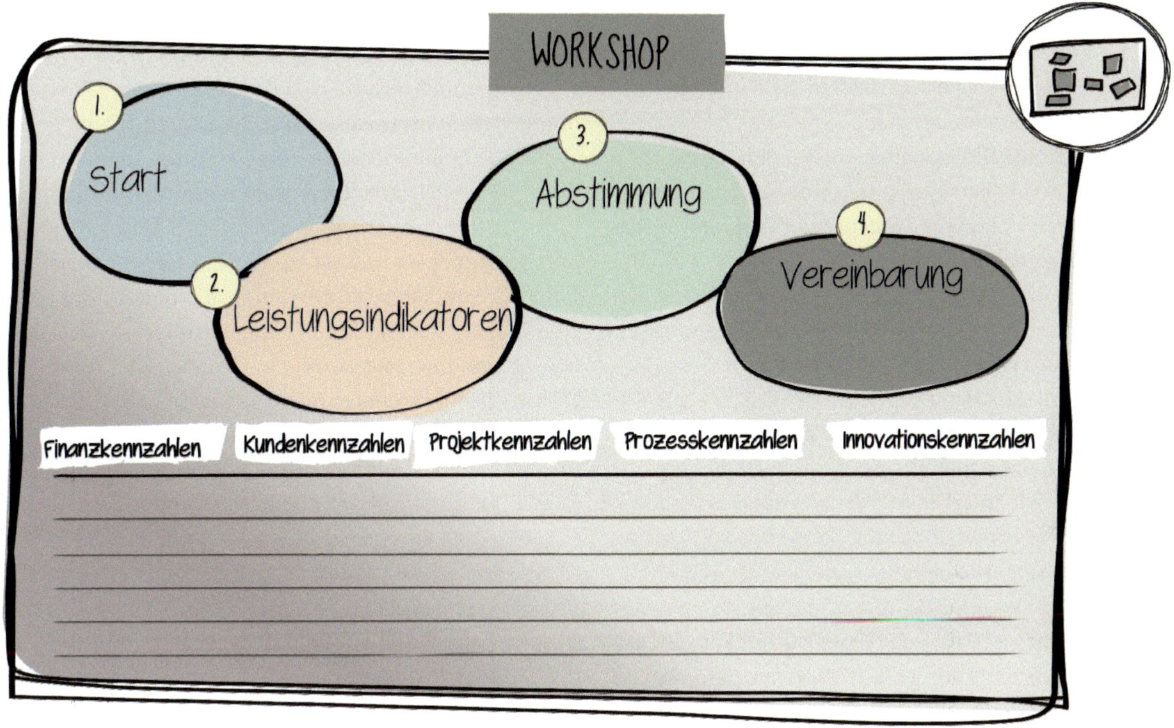

Abb. 45: Workshop Umsetzung und Anwendung von Leistungskennzahlen

WORKSHOP KENNZAHLEN

1. **Start:** Laden Sie alle Teammitglieder zu einer Besprechung ein, platzieren Sie die Team-Mission sichtbar für alle.
2. **Leistungsindikatoren:** Verwenden Sie die Liste möglicher Leistungsindikatoren als Anregung. Markieren Sie für das Team relevante Indikatoren.
3. **Abstimmung:** Lassen Sie das Team über zwei Indikatoren abstimmen, die die Leistung des Teams am besten beschreiben.
4. **Vereinbarung:** Einigen Sie sich auf zwei bis fünf Leistungsindikatoren, die spezifisch, leicht messbar und durch das Team beeinflussbar sind.

Auch muss klar sein, wie gemessen und wie oft und wo dokumentiert wird. Empowerte Teams steuern ihre eigenen Budgets transparent. Halten Sie dabei die Indikatoren einfach und überschaubar. Vergessen Sie nicht: Die Indikatoren sind ein Werkzeug, um dem Team zu helfen, schnelle Entscheidungen zu treffen. Vermeiden Sie bürokratischen Controlling-Aufwand.

BEISPIEL

Ein internes Start-up in einem Versicherungsunternehmen entwickelt eine Softwarelösung, mit deren Hilfe Unternehmen ihre Preise analysieren und optimieren können (Big Data). Das Team hat eine klare Mission: Wir digitalisieren die Preisgestaltung der Versicherung und schaffen dadurch nicht nur schnellere Lösungen, sondern sorgen auch für nachhaltiges Wachstum. Das Team besteht aus einer Managerin, 15 festangestellten Risikomanagerinnen und 15 freien Softwareentwicklern.
Wie bei so vielen internen Start-ups war der Start euphorisch: Die angestrebte Lösung wurde im Versicherungsunternehmen bereits als neue Wunderlösung verkauft. Nach einem Jahr kam die ebenfalls typische Start-up-Ernüchterungswelle. Das Wachstum war nicht so schnell, das Team hatte erst drei Kunden, alle wurden nervös. Das Team selbst blieb jedoch relativ gelassen. Warum? Es hatte eine Teamroutine entwickelt, über den eigenen Erfolg regelmäßig zu sprechen, die Ambition festzulegen und die wirtschaftlichen Ergebnisse zu überprüfen.

Hier erklärt sich auch der Zusammenhang zwischen Mission, OKR und Financial Accountability. In der Mission hatte das Start-up ein klares Ziel. Bei der Financial Accountability hatte sich das Team selbst eine Ambition gesetzt: Damit es selbst profitabel würde, müsste es 25 Kunden gewinnen, die die Lösung einsetzen.
Alle drei Monate hat das Team neue OKR definiert – immer mit dem Blick auf die 25 Kunden. Als nach einem Jahr das schnelle Wachstum ausblieb, folgte eine intensive Diskussion im Team, ob man an den richtigen Themen arbeitet und auf die richtigen OKR setzt. Das Resultat war eine stärkere Konzentration auf Themen, die zu neuen Kunden führen.
Die Teamroutine bestand also darin, sich nicht nur mit den Themen (OKR), sondern auch mit dem Ergebnis (Financial Accountability) zu beschäftigen. Das führte zu sehr reifen Diskussionen und einer Verantwortungsübernahme jedes Teammitglieds für den Gesamterfolg.
Das Team nutzte die Diskussion auch, um die Managerin als Außenministerin einzusetzen. Diese konnte so mit einer klaren Botschaft zum Vorstand gehen: »Wir sind on track, hier sind unsere Maßnahmen, um den wirtschaftlichen Erfolg sicherzustellen.« Das hat in der Folge den Freiraum hergestellt, den das empowerte Team brauchte.
Die Beschäftigung mit dem eigenen wirtschaftlichen Erfolg ist somit eine Voraussetzung dafür, die Freiräume als Team (dauerhaft) zu sichern.

Teil 3: Was noch wichtig ist, um Empowerment zu leben

4 Führung im empowerten Team

4.1 Wie Sie das Spielfeld für das Team bereiten

Brauchen empowerte Team überhaupt noch Führungskräfte? Wenn Macht und Einfluss auf die Teams übergehen, ist dann Führung nicht auf alle im Team verteilt? Die Antwort ist: Empowerte Teams brauchen oft sogar mehr Führung, aber eben eine andere Art. Wenn empowerte Teams das Fundament sicherstellen und in Teamroutinen arbeiten, dann können sie im Alltag oft sehr gut eigenverantwortlich zusammenarbeiten. Führungskräfte werden nicht mehr benötigt für Zielvorgaben, Kontrolle oder Meetingmoderation. Das erledigt das Team selbst. Wir sprechen hier tatsächlich von verteilter Führung. Ein Teammitglied hat die Rolle der Moderatorin und führt durch die Meetings. Ein anderer Kollege führt durch ein Projekt als Hauptverantwortlicher. Eine dritte Kollegin übernimmt die Führungsrolle in der teaminternen Weiterentwicklung. Im Unterschied zu autonomen Teams haben Führungskräfte in empowerten Teams jedoch weiterhin eine wichtige Rolle. Der Beitrag von Führungskräften zum Erfolg von empowerten Teams liegt vor allem in drei Bereichen: die Erfolgsvoraussetzungen sicherstellen, das Team coachen und die Veränderung führen.

4.2 Erfolgsvoraussetzungen sicherstellen

In Teamroutine 2 *Reframing Authority* (siehe Kap. 3.2) legen Führungskraft und Team den Handlungsrahmen fest, in dem das Team eigenverantwortlich agieren darf. Das Team soll sich auf seine Hauptaufgabe konzentrieren und sich nicht in Nebensächlichkeiten verzetteln. Vergleichen wir es mit einer Sportmannschaft. Der Handlungsrahmen ist das Spielfeld. Der Trainer versorgt das Team mit allem, was es benötigt: Kleidung, Material und Taktik. Der Trainer coacht das Team, damit es gut zusammenspielt. Das Team selbst konzentriert sich auf den Erfolg auf dem Spielfeld. Alles, was neben dem Spielfeld passiert, muss und soll das Team nicht ablenken. Was im Sport kristallklar ist, scheint in vielen Unternehmen ganz anders zu sein. Hier müssen sich viele Teams mit Schnittstellen abstimmen, um Budget kämpfen und häufig noch in anderen Arbeitsgruppen mitarbeiten. Statt Fokussierung erleben wir Verzettelung. Wir wissen jedoch, dass empowerte Teams produktiver und erfolgreicher sind, wenn sie sich auf ihre Mission konzentrieren, alle Fähigkeiten und Spezialisten im Team haben und die Führungskräfte den erforderlichen Rahmen schaffen.

Führungskräfte von empowerten Teams ziehen sich folglich aus der operativen Arbeit zurück und schaffen Rahmenbedingungen für Erfolg. Hier geht es oft um:

- Bereitstellung der passenden Arbeitsräume und Arbeitsmaterialien;
- Personalsuche: das Finden von Teamgliedern mit den entsprechenden Kompetenzen;
- Freiräume schaffen innerhalb der konzernweiten Richtlinien;
- die Abstimmung mit Schnittstellen;
- das Managen von Konflikten mit anderen Unternehmensbereichen;
- Strategieentwicklung mit anderen Führungskräften und mit dem Team;
- wichtige Informationen an das Team geben.

Nach der erfolgreichen Durchführung der Teamroutine *Reframing Authority* ist klar, worauf sich das Team konzentriert und welche Aufgaben die Führungskraft übernimmt. Und dann? Dann geht es für Manager und Managerinnen darum, nah dran zu sein und gut zuzuhören. Nah am Team, damit Sie mitkriegen, welche Rahmenbedingungen nicht hilfreich sind und welche Voraussetzungen fehlen. Nah dran zu sein an den Stakeholdern des Teams, damit Sie schnell identifizieren, wo es den Bedarf nach Abstimmung, Klärung oder Auflösung von Konflikten gibt. Nah dran sein an der Bereichs- und Unternehmensleitung, um die strategische Richtung zu kennen und diese für das Team zu übersetzen.

Zugleich ist die Führungskraft dafür verantwortlich sicherzustellen, dass Teamroutinen im Grundsatz bestehen bleiben. Änderungen sind möglich, aber nicht willkürlich und nur im Rahmen der festgelegten Struktur. Wie wir in *Reframing Authority* (siehe Kap. 3.2) gesehen haben, bestehen auch weiterhin Grenzen für das Team im Hinblick auf Entscheidungsfreiheit. Die Kombination aus Unterstützung geben, Rahmenbedingungen schaffen und Klarheit erzeugen nennt man häufig Servant Leadership.

Servant Leadership kurz erklärt

Der Amerikaner Robert Greenleaf hat den Begriff Servant Leader begründet. Dienen und Führen schließen sich nicht aus, sondern sind untrennbar. Als Führungskraft diene ich dem Team und richte meine Handlungen an den Interessen und Bedürfnissen der Mitarbeitenden aus, damit wir alle gemeinsam unsere Ziele erreichen.

Servant Leader zeichnen sich durch hohe Empathie aus, sie können sich gut in die Mitarbeitenden einfühlen und hören gut zu. Sie respektieren die Freiräume des Teams und lassen Eigenverantwortung zu. Gleichzeitig identifizieren sie Unterstützungsbedarf und handeln hier sehr stringent. Sie entwickeln alle Mitarbeitenden und das Team. Servant Leader haben häufig eine gut ausgebildete Coachingkompetenz.

4.3 Das Team coachen

Nutzen wir noch einmal unseren Sportvergleich. So wie ein Fußballtrainer am Rande steht und das Spielfeld nicht betreten darf, greift auch die Führungskraft des empowerten Teams nicht selbst in operative Tätigkeiten ein. Sie konzentriert sich stattdessen auf die Rolle als Coach. Coaching ist Hilfe zur Selbsthilfe – ich helfe anderen, damit sie es selbst tun können. Und worin brauchen Teams üblicherweise Hilfe von ihrem Manager-Coach? Im Wesentlichen sind das:

- Teamroutinen kennenlernen, üben und verinnerlichen;
- Lernprozesse beschleunigen;
- Die Teamentwicklungsreise gestalten.

Teamroutinen kennenlernen, üben und verinnerlichen

Gerade wenn empowerte Teams neu anfangen, müssen sie lernen, die Teamroutinen sinnvoll anzuwenden. Die Führungskraft als Coach kann hier erklären, trainieren, Tipps und Feedback geben. Machen wir es mal konkret anhand der Teamroutinen:

Bei Mission und Purpose (siehe Kap. 3.1) können Sie als Führungskraft durch Ihr Netzwerk und Ihren Wissensvorsprung helfen. Aktivieren Sie wichtige Stakeholder, damit diese ihre Erwartungen mit dem Team klären. Geben Sie dem Team wichtige strategische Informationen, dass es die eigene Mission formulieren kann.

Bei Flexible Roles (siehe Kap. 3.3) helfen Sie dem Team, indem Sie die Methoden einführen und das Team bei der Anwendung unterstützen.

Thema Agile Goals (siehe Kap. 3.4): Gerade am Anfang sind OKR entweder zu generisch oder viel zu detailliert. Teams müssen üben, die richtige Flughöhe für die Ziele zu finden. Bei den OKR-Reviews können Sie als Coach eine große Unterstützung sein und dem Team helfen, eine gute, offene Diskussion zu führen.

In Dynamic Meetings (siehe Kap. 3.5) ist Ihre Hilfe als Coach vor allem bei der Einführung von Feedback gefragt. Psychologische Sicherheit ist die Voraussetzung für konstruk-

4

tives Feedback. Wenn die Teams die ersten Retrospektiven machen, sind sie oft noch unsicher, wie offen und klar sie sein dürfen. Bestärken Sie das Team, sich etwas zuzutrauen. Trainieren Sie mit dem Team Feedbacktechniken.

Lernprozesse beschleunigen

Empowerte Teams arbeiten eigenverantwortlich, agil und innovativ. Das gelingt nur, wenn alle Teammitglieder die entsprechenden Kompetenzen erwerben. Die coachende Führungskraft ist nah an den Teammitgliedern dran, ist ansprechbar, hat einen Blick auf individuelle Bedürfnisse und kann Einzelnen helfen, sich weiterzuentwickeln. Aus der praktischen Erfahrung sehen wir zwei konkrete Verhaltensweisen von effektiven Führungskräften empowerter Teams, wenn es um die Beschleunigung von Lernen geht. Erstens planen und orchestrieren sie das Lernen. Zu Beginn identifizieren Führungskräfte wichtige Kompetenzbereiche.

Einige Beispiele: Ein Vertriebsteam eines Softwareunternehmens will im Kundenkontakt besser werden. Die Führungskraft stellt fest, dass die Kompetenzen Empathie, Zuhören und Fragenstellen nicht ausreichend entwickelt sind. Ein IT-Team hat auf dem Weg zu Empowerment festgestellt, dass es agile Methoden nicht ausreichend anwenden kann. Ein HR-Team will stärker digital arbeiten und kennt die erforderlichen Tools nicht.

Sobald klar ist, was das Team lernen möchte und muss, gestaltet die Führungskraft die Formate, also wie das Team lernen wird. Manager nutzen dafür ihr Netzwerk und laden Experten für einen Vortrag ein, sie halten selbst Trainings oder vermitteln Wissen. Dadurch setzen sie Impulse und gestalten den Lernprozess. Zweitens nutzen die Führungskräfte den Ansatz der Stärkenorientierung. Statt immer nur auf die Defizite zu achten und darauf zu verweisen, was alles noch fehlt, fokussieren sie das Team auf die Stärken und wie das Team diese noch besser nutzen kann. Durch diesen klaren Fokus auf Stärken entsteht im Zusammenhang mit Lernen eine positive Stimmung. Dadurch stärken sie das Engagement und häufig beschleunigen sie den Lernprozess im Team.

Die Teamentwicklungsreise gestalten

In managergeführten Teams haben Führungskräfte oft einen starken inhaltlichen Fokus. Nicht selten sind sie die besten Experten. In empowerten Teams sind die besten Experten im Team selbst. Führungskräfte werden vom

Experten für Inhalte zum Experten für Teams. Sie lernen, Inhalte loszulassen und sich darauf zu konzentrieren, ob das Team gut zusammenarbeitet. Sie geben die richtigen Impulse für das Teambuilding und unterstützen die Weiterentwicklung. Statt die Qualität der Arbeit selbst zu kontrollieren, organisieren Sie direktes Feedback von den Kunden des Teams bzw. von den Teammitgliedern. Sie beobachten das Team und geben immer wieder Impulse für die Teamentwicklung.

Alle drei Aspekte, Teamroutinen üben, Lernprozesse beschleunigen und die Teamentwicklungsreise gestalten, erfordern eine Führungskraft, die coacht.

4.4 Die Veränderung führen

Von einem traditionellen managergeführten Team zu einem empowerten Team ist es nicht nur ein Schritt, sondern ein langer Weg. Es ist eine Veränderung auf vielen Ebenen. Das Unternehmen muss lernen, dass empowerte Teams andere Bedürfnisse haben. Führungskräfte müssen ihre neue Rolle finden. Das Team selbst muss neue Arbeitsformen lernen und viele Teammitglieder entwickeln sich persönlich weiter. Diese Veränderung konstruktiv zu gestalten, ist Aufgabe von Führungskräften.

Wie jede Veränderung ist auch dieser Weg von Unsicherheiten geprägt: »Können wir das? Schaffen wir das?« Viele Teams sind im Umgang mit Unsicherheiten nicht geübt. Wer die Veränderung führt, hilft den Teams in dieser Phase. Klarheit zu schaffen ist eine wesentliche Grundbedingung. Dialog hilft in Phasen der Unsicherheit. Wenn wir offen sprechen können, entsteht die bereits beschriebene psychologische Sicherheit. Oder in anderen Worten sagte neulich ein Teammitglied: »Ich weiß zwar immer noch nicht, ob ich der neuen Aufgabe gewachsen bin, aber ich fühle mich sicher, hier im Kreis der Kolleginnen darüber zu sprechen.« Wenn Teams diese Offenheit erreicht haben, kann Coaching wie oben beschrieben seine positive Wirkung entfalten. Und Führung unter Unsicherheit bedeutet auch, die Teams positiv zu bestärken in schwierigen Phasen.

Veränderung in Teams gelingt leichter, wenn wir das, was uns behindert, aus dem Weg räumen. Häufig geht es darum, Altes loszulassen, damit Neues entstehen kann. Besprechen Sie mit dem Team aktiv, welche Überzeugungen, Arbeitsweisen oder Teamroutinen von früher heute nicht

4

mehr hilfreich sind. Wenn wir offen über diese Aspekte sprechen, können wir uns auch gemeinsam davon verabschieden. Dann, wenn wir Raum für Neues geschaffen haben, können Führungskräfte den Teams helfen, indem sie Inspiration von außen holen. Eine Veränderung braucht neue Ideen. Diese kommen oft von außen. Nutzen Sie aktiv ihr Netzwerk in anderen Unternehmen, in die Wissenschaft oder in gemeinnützige Organisationen. Laden Sie externe Redner ein, die Impulse geben. Oder häufig noch wirksamer, nehmen Sie das Team mit und besuchen Sie andere Unternehmen. Wir haben es häufig erlebt, dass Themen wie Agilität oder New Work theoretisch blieben, solange wir in Seminaren daran gearbeitet haben. Nachdem die Teams ein anderes Unternehmen besucht hatten und von deren praktischen Erfahrungen mit Agilität lernen konnten, wurde es griffig und die Teams konnten diese Ideen umsetzen.

Doch noch einmal zurück zur Ausgangsfrage am Anfang dieses Kapitels: Brauchen empowerte Team noch Führungskräfte? Unsere Antwort: ganz sicher. Doch auch für die meisten Führungskräfte stellt das eine Veränderung dar. Sie brauchen Coaching-, Teamentwicklungs- und Veränderungskompetenz.

5 Hybrid Team Work

5.1 Wie Teams die Chancen der virtuellen Arbeitswelt nutzen

Corona war das Trainingslager für hybride Teamarbeit

So gravierend die Folgen der Pandemie auch waren und noch sind, in jeder Krise liegt auch ein kreatives Potenzial. In der Coronakrise bestand das in neuen, flexiblen und virtuellen Arbeitsformen. Viele Menschen waren gezwungen, von zu Hause zu arbeiten. Sie haben geübt, Videokonferenzen und digitale Kollaborationstools sinnvoll zu nutzen. Und wir haben alle gelernt, dass virtuell viel mehr möglich ist, als wir alle gedacht hatten. Die wichtigsten Erkenntnisse sind:

- Viele Abstimmungsmeetings sind virtuell effizienter und zielführender.
- Kreative Teamarbeit kann mit dem Einsatz von virtuellen Whiteboards gelingen.
- Lernen und Coaching funktioniert sehr gut in virtuellen Settings.
- Damit virtuelle Zusammenarbeit gelingt, müssen wir in kürzeren Formaten denken, um die »Zoom-Fatigue«, also Ermüdung durch Dauer-Videokonferenzen vor dem Bildschirm zu verhindern.
- Beziehungsgestaltung und schwierige Themen gelingen leichter in Präsenz.

Die meisten Menschen haben für sich allerdings auch festgestellt, dass eine rein virtuelle Zusammenarbeit auf Dauer sehr ermüdend ist. Für viele Teams gilt es nun, die Lehren aus dieser Phase zu ziehen und neue hybride Arbeitsmodelle für sich zu entwickeln, also die für das Team jeweils beste Mischung aus Präsenzarbeit und virtueller Zusammenarbeit zu finden.

Finden Sie die richtige Balance für Ihr Team

Die Vorteile virtueller Arbeitsformen lassen sich mit den Stärken von Präsenzarbeit kombinieren. Jedes Team wird dabei eine eigene Balance finden, denn was wir besser virtuell machen oder im Büro gemeinsam erledigen, hängt sehr von der Aufgabe ab. Dabei sind zwei Kriterien relevant: Effektivität und Motivation.

Das erste wesentliche Entscheidungskriterium ist Effektivität. Was hilft uns, als Team zielgerichtet und produktiv zu arbeiten? Ein Produktionsteam wird auch in Zukunft wahrscheinlich überwiegend in Präsenz arbeiten, weil es nur

5

so effektiv seine Aufgabe erledigen kann. Ein Produktentwicklungsteam wird kreative Entwicklungstätigkeit eher in einem Meetingraum gemeinsam durchführen. Die Konzepte ausarbeiten kann dagegen jedes Teammitglied besser zu Hause, weil hier konzentriert gearbeitet werden kann. Das zweite wesentliche Entscheidungskriterium ist Motivation: Was gibt uns Energie, statt sie uns zu rauben? Ein Arbeitsumfeld, das Energie gibt, stärkt langfristige die Motivation. Unter diesem Aspekt hat auch die persönliche Situation aller Teammitglieder eine Auswirkung auf unsere Entscheidung. Müssen viele Teammitglieder lange zur Arbeit pendeln, werden sie eher häufiger zu Hause arbeiten, denn im Stau stehen raubt Nerven und Energie. Ist dagegen die räumliche Situation zu Hause ungeeignet für berufliche Tätigkeiten, werden sie sich eher häufiger im Büro aufhalten. Sie sehen schon, die Frage nach der richtigen Balance kann nur jedes Team individuell beantworten. Die meisten Unternehmen haben Regeln definiert, dennoch empfehlen wir allen Teams, innerhalb der Regeln die Diskussion darüber zu führen – Reframing Authority.

Legen Sie fest, wo Sie arbeiten und wann Sie arbeiten

Werden wir mal konkret. Setzen Sie sich im Team zusammen und besprechen Sie die neue Art zu arbeiten. Nutzen Sie die beiden Entscheidungskriterien – Effektivität und Motivation – und finden Sie Spielregeln zur Zusammenarbeit. Dabei geht es darum, festzulegen, wo Sie arbeiten – im Büro oder remote – und wann sie arbeiten – alle zusammen oder jeder individuell.

Abb. 46: Beispiel für Hybrid Team Work

- **Remote und individuell:** Alle Tätigkeiten, bei denen Teammitglieder unabhängig von anderen arbeiten und für die Konzentration erforderlich ist, müssen nicht in einem Gemeinschaftsbüro erledigt werden: Konzeptentwicklung, Auswertung von Analysen, Präsentationen erstellen oder Berechnungen anstellen. Teammitglieder können hier idealerweise selbst entscheiden, wo sie am effektivsten und produktivsten arbeiten. Viele werden das von zu Hause machen oder aus dem Wohnmobil oder im Ferienhaus oder vielleicht doch im Büro, weil es dort ruhiger ist. Manche sind in der Früh am produktivsten, andere nachts. Hier können Teams größtmögliche Freiheiten gewähren, denn wir haben in der Pandemie erlebt, dass die allermeisten Mitarbeitenden sehr verantwortlich mit dieser Flexibilität umgehen und dass diese Form der Arbeit bei diesen Aufgaben am effektivsten ist. Teams müssen sich lediglich auf gemeinsame Deadlines oder Meilensteine einigen.
- **Remote und gemeinsam:** Alle Tätigkeiten, die wir gemeinsam machen und bei denen Emotionen und intensive Beziehungsarbeit nicht im Vordergrund stehen. Hierfür nutzen wir Videokonferenzen oder andere digitale Tools. Abstimmungsmeetings, Planung, Roadmaperstellung, aber auch Feedback, Retrospektiven, Schulungen und Coaching. Bei solchen Tätigkeiten haben wir gelernt, dass sie viel besser als erwartet in virtuellen Formaten funktionieren. Tatsächlich arbeiten Teams häufig produktiver, wenn sich dafür nicht im Büro zusammenfinden, sondern in kürzeren und fokussierten Onlinemeetings. Remote und gemeinsam bietet ebenfalls Flexibilität, erfordert jedoch gemeinsame Termine, eine gute Vorbereitung und eine hohe Verbindlichkeit aller Teammitglieder.
- **Präsenz und gemeinsam:** Alle Tätigkeiten, die schwierig sind oder bei denen die Beziehung eine wichtige Rolle spielt: Teambuilding, Konfliktgespräche, neue Kolleginnen oder Kollegen kennenlernen oder Strategieentwicklung. All das funktioniert besser, wenn wir gemeinsam in einem Raum sind, denn hier findet Kommunikation nicht nur rational und kognitiv statt, sondern auch emotional. Wir spüren uns. Diese oft unbewusste Ebene der Kommunikation ist für manche Themen zwingend erforderlich. Wir können nicht alles mit dem Kopf allein erledigen, sondern müssen auch den Bauch und Emotionen hinzunehmen.

Was heißt das konkret für Teams? Die Kombination »Präsenz und individuell« ergibt – abgesehen von praktischen Überlegungen – keinen richtigen Sinn. Es wird eher selte-

5

ner, dass wir ins Büro fahren, uns in ein Einzelbüro setzen, die Tür schließen und dann konzentriert arbeiten. Wir vermuten daher, dass Büros in Zukunft anders aussehen und viel mehr für Zusammenarbeit, Beziehungsarbeit und Kreativität genutzt werden.

Als Anregung für die Gespräche im Team hier einige Fragen zur gemeinsamen Klärung:

Checkliste Hybrid Team Work

- ☐ Welche Tätigkeiten können alle machen, wann sie wollen und wo sie wollen? (Remote und individuell)
- ☐ Welche Themen bearbeiten wir in virtuellen Meetings gemeinsam und wann planen wir diese Meetings?
- ☐ Wie viel individuelle Flexibilität wollen wir im Team vereinbaren – konkret, wie viele Tage sind wir alle im Büro, wie viele Tage Home-Office sind unser Standard?
- ☐ An welchen Tagen sind wir verbindlich alle gemeinsam im Büro, um hier Zeit und Raum für Qualitätsmeetings zu haben?
- ☐ Wie gestalten wir unsere Büros, damit sie für Qualitätsmeetings geeignet sind?

5.1.1 Meetings: Warum Präzision in hybriden Arbeitsmodellen so entscheidend ist

Hand aufs Herz: In Präsenzmeetings haben wir uns doch daran gewöhnt, dass es oft keine richtige Agenda gibt, das Meeting halbherzig moderiert wird und es oft unklar ist, ob hier nur Infos ausgetauscht oder eine gemeinsame Entscheidung getroffen werden soll. Sobald Teams stärker virtuelle Meetings nutzen, müssen sie präziser sein, sonst werden die Meetings als unproduktiv empfunden. Hintergrund ist die niedrigere Aufmerksamkeitsspanne in virtuellen Meetings. Sind die Meetings nicht sehr klar und zielorientiert, verlieren die Teams erst die Orientierung und dann die Lust. In der Folge arbeiten alle parallel an E-Mails oder anderen Tätigkeiten und hören nicht zu. Dann ist hybride Teamarbeit die schlechtere Alternative. Deshalb ist es so wichtig zu klären, welches Meeting welchen Zweck hat.

Checkliste Zweck von Meetings

- ☐ Update und Koordinationsmeetings wie Dailies, Weeklies oder 1:1-Meetings haben den Zweck, Klarheit zu schaffen und Orientierung zu bieten. Hier informieren wir uns, ohne lange Diskussion.

- ☐ Meinungsbildungsmeetings haben den Zweck des offenen Austauschs, um möglichst viele Perspektiven zu hören. Hier geben wir Raum für Diskussion.
- ☐ Entscheidungsmeetings verhindern Diskussion und haben nur den Zweck, nach einer festgelegten Methode Entscheidungen zu treffen.
- ☐ Feedback-Meetings wie Retrospektiven verhindern ebenfalls unnötige Diskussion und verfolgen den Zweck des Lernens. Hier halten wir uns diszipliniert an die Feedbackmethode.
- ☐ Social Events wie virtuelles Kaffeetrinken, Weintesten etc. haben den Zweck, persönlich anzudocken. Hier lassen wir Informationen komplett raus.
- ☐ Klären Sie im Team auch, welche dieser Meetings Sie in Präsenz und welche virtuell durchführen werden.

5.1.2 Informationsaustausch auf Kollaborationsplattformen

Als Faustregel gilt: Meetings sind für Kommunikation, reines Informieren geht viel besser schriftlich. Dafür eignen sich digitale Kollaborationsplattformen. Die gängigsten sind Microsoft Teams, Slack, Google Docs oder Trello. Unabhängig davon, welche Software in Ihrem Unternehmen im Einsatz ist, nutzen Sie die Plattformen als virtuelle Schwarze Bretter, auf denen schnell und einfach Informationen ausgetauscht werden. Wenn jemand im Team glaubt, ein Artikel ist besonders interessant, hängt er diesen an das Schwarze Brett. Sucht jemand Unterstützung zu einem Thema, postet er dieses ebenfalls. Wichtige Informationen für andere im Team werden auf der Plattform gespeichert. So können Teams gemeinsam an Themen und Dokumenten arbeiten. Da Information gepostet wird, müssen wir nicht alle zur gleichen Zeit im Meeting sein. Damit das funktioniert, brauchen Sie im Team klare Spielregeln.

Checkliste Info-Sharing

- ☐ Welche Informationen teilen wir auf der Plattform und nicht mehr in Meetings?
- ☐ Welche Kanäle oder Boards (abhängig von Ihrer Software) verwenden wir im Team?
- ☐ Wie posten wir Informationen, sodass sie von anderen auch gefunden werden?
- ☐ Welche Verantwortung haben alle im Team, Informationen zu teilen und sie sich auch zu beschaffen?

Ein Cockpit für das Team

Wir empfehlen, dass Sie mit Ihrem Team ein virtuelles Cockpit aufbauen und weiterentwickeln, mit dem Sie die Zusammenarbeit im Team an einem Punkt visualisieren, aktuell halten und Transparenz herstellen.

Die wichtigsten Themen und Leitfragen sind hier:

- Verantwortlichkeiten und Rollen im Gesamtteam – »Wie wir arbeiten.«
- Aufgaben und Prioritäten – »Wer macht was mit welcher Priorität?«
- Fortschritt, Zielerreichung und Hindernissen – »Wo steht das Thema – und wo klemmt es?«
- Ein Kanal für Persönliches, Privates und Spaß.

5.1.3 Virtuelle Dailies, Weeklies und Kanban Boards

Koordinationsmeetings eigenen sich perfekt für virtuelle Formate. Hier geht es darum, schnell einen Überblick zu erhalten, offene Fragen zu klären und einen notwendigen Rahmen zu geben. Dailies und Weeklies können ohne Weiteres als Videokonferenz durchgeführt werden. Damit diese funktionieren, sind drei Spielregeln wichtig: Alle haben ihr Video an, keine Nebentätigkeit, hohe Disziplin, also kein Durcheinanderreden. Für die Strukturierung der Meetings können Sie virtuelle Kanban Boards nutzen. Es gibt zum Beispiel Microsoft Planner oder Jira. Es existiert jedoch auch eine Vielzahl kostenloser Programme. Wichtig ist, dass alle Teammitglieder gleichzeitig an dem Board arbeiten können.

5.1.4 Virtuelle Retrospektiven

Keine Scheu vor Feedback in virtuellen Formaten. Dies funktioniert gut, wenn sie vorher Feedbackregeln vereinbaren und sich streng an die Methode Retrospektive halten. Die Vorlagen für Retrospektiven finden sich in den meisten virtuellen Whiteboards. Gängige Anbieter sind Miro, Mural oder Conceptboard. Die virtuellen Whiteboards sind vergleichbar mit physischen Whiteboards: Wir können darauf schreiben, malen, Bilder anheften oder Punkte kleben. Virtuelle Whiteboards sind so gestaltet, dass alle von ihren Computern aus gleichzeitig daran arbeiten können. In einer Retrospektive trifft sich das Team in einer Videokonferenz. Gleichzeitig sind alle über ihren Webbrowser auf dem virtuellen Whiteboard. Hier sehen sie die Vorlage zum Beispiel Sad – Mad – Glad. Die Moderatorin des Meetings bittet nach einer kurzen Einführung alle Teammitglieder, ihre Post-its in die entsprechenden Felder zu schreiben. Das tun alle gleichzeitig. Anschließen kann in der Videokonferenz über die Post-its gesprochen werden. Virtuelle Whiteboards eignen sich auch für alle kreativen Tätigkeiten wie Brainstorming.

Checkliste für virtuelle, lebendige Onlinemeetings

Technische Voraussetzungen:

- ☐ Eine ordentliche Kamera, in die Sie auf Augenhöhe sprechen. Denn nur dann können wir auch virtuell Kontakt aufbauen.
- ☐ Ein Mikrofon, damit Sie gut zu verstehen sind. Die Audioqualität ist entscheidend dafür, wie wir die Qualität eines Meetings wahrnehmen.
- ☐ Ein zweiter Bildschirm, auf dem Sie die geteilte Präsentation sehen und gleichzeitig die Teammitglieder in der Videokonferenz.
- ☐ Eine ausreichend starke Internetverbindung mit genügend Bandbreite (+10 MBIT).

Bauen Sie eine Beziehung auf:

- ☐ Schaffen Sie aktiv Raum für persönlichen Austausch zum Beispiel am Anfang mit einer »Wie geht's dir?«-Runde oder am Ende mit einer Feedbackrunde.
- ☐ Fragen Sie aktiv danach, wie es den Teammitgliedern in der Besprechung geht.

Passen Sie die Didaktik an:

- ☐ Keine Session länger als 90 Minuten ohne Pause.
- ☐ Gestalten Sie dynamische Meetings durch häufigere Methodenwechsel. Nutzen Sie dafür Diskussion, Gruppenarbeit, Whiteboards oder Votings.
- ☐ Vermeiden Sie »Death by Powerpoint« und reduzieren Sie Vorträge auf ein Minimum – nicht länger als 15 Minuten.
- ☐ Visualisieren Sie drei Mal mehr als in physischen Meetings durch den Einsatz von Bildern, Fotos, Zeichnungen oder Videos.

Nutzen Sie digitale Tools (hier einige Beispiele):

- ☐ Whiteboards: Mural, Miro, Conceptboard
- ☐ Umfragen: Office Vibes, Pigeon Hole, Mentimeter
- ☐ Kanban Boards: Planner, Trello
- ☐ Video: Flipgrid

Hybrides Arbeiten ist für die allermeisten Teams ein Lernfeld. Üben Sie, wie Sie virtuelle Formate für sich effektiver nutzen können. Doch machen Sie sich das Leben nicht unnötig schwer. Vor allem Themen, bei denen es um Beziehung und emotionale Wahrnehmung geht, gehen leichter in physischen Meetings.

5

5.2 Empowerment ist Voraussetzung für hybrides Arbeiten

Hybride Teamarbeit nutzt konsequent die Möglichkeiten digitaler Kommunikation und Zusammenarbeit. Dadurch entsteht mehr Flexibilität, wann, wo und wie wir arbeiten. Was früher die Ausnahme war, wird zunehmend mehr zur Regel. Früher fand Arbeit immer im Büro statt und es gab geregelte, für alle gleich geltende Arbeitszeiten. Heute ist Arbeiten von zu Hause, flexible Zeitgestaltung und individuell maßgeschneiderte Arbeitsmethoden das neue Normal. Die neuen Freiheiten haben jedoch auch ein paar Konsequenzen.

Mehr Flexibilität erfordert mehr Dialog

Machen wir uns nichts vor: Die Ansage von der Chefin oder dem Chef hat viele Nachteile, aber auch etwas Angenehmes. Regeln und Erwartungen sind klar. Wir können einfach mitmachen und die Verantwortung für die Initiative liegt woanders. Wenn die Ansage ausbleibt und alle Teammitglieder neue Freiheiten für sich nutzen, entstehen notgedrungen Spannungen und Konflikte. Wenn jeder an einem anderen Tag Homeoffice machen möchte, kommen wir als Team nie alle zusammen. Wir driften auseinander und sind schneller eine Gruppe von Freiberuflern, als uns lieb ist. Es braucht konsequenten Dialog über Verantwortung (Flexible Roles), Teamziele (Agile Goals), Koordination und Feedback (Dynamic Meetings) und Erfolgsmessung (Financial Accountability). Dessen müssen Sie sich als Team bewusst sein und die eigene Koordination übernehmen.

Mehr Freiheiten bedeuten mehr Verantwortung

Empowerment ist nach unserem Verständnis das bewusste Schaffen von größeren Handlungsfreiräumen für das Team und damit einhergehend die explizite Delegation von Verantwortung. Gerade in der hybriden Teamarbeit haben Führungskräfte keine Chance mehr auf eine engmaschige direkte Kontrolle. Der Versuch zu überprüfen, ob alle Teammitglieder wirklich arbeiten, kann nur scheitern. Statt dieser Versuchung zu erliegen, empfehlen wir im Rahmen der Teamroutine Reframing Authority über Verantwortung explizit zu sprechen. Drei Aspekte von Verantwortung sind hier besonders wichtig zu klären:

- **Ergebnisverantwortung:** Teams klären zum Beispiel im Kanban-Meeting, wer welche Aufgaben übernimmt. Das reicht jedoch nicht. Zentral ist, welche Ergebnisse wir erreichen wollen. Diese Logik finden Sie auch in Agile Goals. OKR sind Objectives – also Ziele – und Key Results – also Ergebnisse. Nehmen Sie sich im Kanban-Meeting die Zeit für die Klärung von erwarteten Ergebnissen.

- **Verantwortung für die Einhaltung von Zusagen:** Gerade in hybriden Arbeitsformen ist es leicht, aus dem Sichtfeld zu verschwinden. Niemand merkt, ob wir konzentriert in Meetings sind, ob wir methodisch sauber arbeiten oder uns selbst gut steuern. Das fällt meist erst später auf, wenn Zusagen nicht eingehalten werden. Damit Teamarbeit im hybriden Modell funktioniert, müssen alle die Verantwortung übernehmen, dass ihre Zusagen gehalten werden. Wenn etwas nicht funktioniert, gehört auch dazu, andere Kolleginnen und Kollegen rechtzeitig zu informieren.
- **Verantwortung für das Team:** Im hybriden Modell ist Zusammenhalt schwerer aufrechtzuerhalten. Die Fliehkräfte sind stärker, wir sehen uns seltener, die soziale Kontrolle des Büros ist schwächer. Damit ein gutes Team nicht nach und nach auseinanderdriftet, müssen alle Verantwortung für das Team übernehmen. Das äußert sich in Feedback, aber auch darin, Kontakt untereinander zu halten.

Hybrid Team Work funktioniert nur mit Empowerment. Das Verständnis von empowerten Teams und die Teamroutinen helfen hier sehr.

6 Den Anfang finden – drei Geschichten, die Mut machen

6.1 Dominiks Geschichte

Wie ein Team vom Tabellenletzten zum Vorzeigeteam wird – die Teamentwicklung eines Vertriebsteams

Als ich vor einigen Jahren als Coach das Marktteam für Europa übernahm, fand ich einen zerstrittenen Haufen vor. Das Team bestand aus Vertriebsexperten und Fachexperten. Das Unternehmen hatte vor Kurzem eine Matrixorganisation eingeführt. Eigenverantwortliche Marktteams ohne disziplinarische Führungskraft waren das zentrale Element dieser Organisation. Die Idee: Bringt die richtigen Leute aus allen Funktionen der Organisation zusammen, dann werden Sie schon die passenden Produkte für die Kunden entwickeln und verkaufen. Was für eine Fehlannahme!

Das Europateam war das exakte Gegenteil davon. In meinem ersten Treffen fand ich eine Gruppe von guten Einzelspielern, die maximal genervt waren voneinander. Der Senior Vertriebsmanager, der eine Koordinationsrolle hatte, war überfordert und kurz davor hinzuschmeißen. Einzelne Fachexperten sagten, sie wüssten gar nicht, warum sie an diesem Meeting teilnehmen sollten, schließlich würden sie nur Fachthemen bearbeiten, wenn das vom Kunden gewünscht ist. Sie hätten nicht verstanden, Teil des Teams zu sein. Ich erinnere mich an eine junge Frau, die sagte: »Dafür, dass wir so schlecht zusammenarbeiten, sind wir eigentlich ganz erfolgreich.« Man stelle sich vor, was dieser zerrüttete Haufen schaffen könnte, wenn er nur wollte. Einige Jahre später erhielt ich von dem Team einen Anruf. Sie kamen alle gerade von der Jahresvertriebskonferenz zurück. Das Team hatte dort einen Erfahrungsbericht gegeben. Titel des Vortrags: »Marktteam Europa – Umsatz verdoppelt und Benchmark im Unternehmen«. Von einem zerstrittenen Haufen entwickelte sich dieses Team zu einem Vorzeigeteam im Unternehmen. Ich möchte gerne berichten, wie das Team diese Erfolgsgeschichte geschrieben hat, an der ich einen kleinen Anteil hatte. Und nur als Vorbemerkung: Es waren bis auf wenige Ausnahmen immer noch die gleichen Menschen.

Die Teamentwicklungsgeschichte lässt sich in drei Phasen unterteilen. Phase 1: Fundament legen. Phase 2: Energieschub und Phase 3: agile Experimente.

6

In der ersten Phase musste das Team das Fundament für seine Zusammenarbeit legen. Der Konflikt, den ich in meinem ersten Treffen mit dem Team gespürt hatte, war dafür richtig gut. Es war ein sogenannter kalter Konflikt. Alle waren sichtlich genervt, aber niemand sprach die schwierigen Themen an. Das passiert oft. Genervt sein ist eben auch leichter als konstruktive Konfliktlösungen anzubieten. Meine Aufgabe bestand folglich lediglich darin, aus einem kalten einen heißen Konflikt zu machen, also die Themen auf den Tisch zu bringen und das Potenzial des Konflikts nutzbar zu machen. Ich fragte das Team: Seid ihr bereit, euch ernsthaft auseinanderzusetzen, dann haben wir gemeinsam eine Chance, es besser hinzukriegen. Sie waren bereit. Wir hatten zwei Workshops in dieser Phase. Zunächst einmal haben wir die Mission geklärt, denn die mangelnde Klarheit war eine Ursache für den Konflikt. »Was ist euer Auftrag?« und daraus abgeleitet: »Was für ein Team wollt Ihr sein?« Da der Auftrag vom Management an das Marktteam nicht verstanden worden war, haben wir das Management einfach zu einer Fragerunde eingeladen. Das Team konnte die Erwartungen klären und für sich aufschreiben. Daraus haben wir eine Mission abgeleitet. »Wir entwickeln das Geschäft in Europa, gewinnen große Kernkunden zurück und steigern unseren Umsatz durch vernetzte Lösungen.«

Die Mission ist der Nordstern, davon leiteten wir alle anderen Teamroutinen ab. Im Europateam stellte ich dann eine zweite Frage: Wie müssen wir zusammenarbeiten, um diese Mission zu erreichen? Geht das, wenn alle Fachexperten allein arbeiten? Es war allen sofort klar, dass die Umsatzsteigerung und vor allem die Entwicklung von umfassenden Lösungen nie individuell funktionieren würden. Wenn die Lösungen vernetzt sein sollen, dann braucht es kluge Leute, die ihre individuelle Expertise vernetzen. Also haben wir Rollen und Meetings definiert, um der Zusammenarbeit eine Form zu geben. Ebenfalls wichtig in dieser ersten Phase war die Teamroutine Fast Decisions. Bis dato hatte das Team einen Reflex: Wenn es schwierig wird, eskalieren wir ans Management. Diesen Reflex können wir übrigens genauso häufig beobachten wie kalte Konflikte. Ans Management zu eskalieren ist eben auch einfacher, als herausfordernde Gespräche zu führen.

Die Ursache für dieses Verhalten war Unsicherheit im Umgang mit Konflikten. Wie sollen wir entscheiden, wenn wir nicht einer Meinung sind? Dem Team fehlte das passende Werkzeug. Genau dafür haben wir Entscheidungsprozesse im Team eingeführt und geübt. Wir vereinbarten auch, dass das Team regelmäßig die eigene Zusammenarbeit überprüft und sich Feedback gibt. In dieser ersten Phase wurde das Team überhaupt erst arbeitsfähig. Rückblickend haben wir alle in dieser Phase etwas Wichtiges gelernt: Die Konflikte müssen auf den Tisch, aber wir dürfen uns nicht an Symptomen abarbeiten. Es geht darum, die Ursache des Konflikts zu verstehen und bei vielen Teams besteht diese in mangelnder Klarheit. In solchen Phasen dürfen wir also gelassen mit der Unsicherheit und der schlechten Stimmung umgehen, beides akzeptieren und voller Zuversicht am Fundament arbeiten.

Phase zwei kam ein Jahr später und wirkte wie ein Energieschub. Das Team hatte sich gefunden, der Konflikt war aufgelöst und alle arbeiteten gut zusammen. Dann kamen zwei neue Vorgesetzte. Einer war verantwortlich für den Vertrieb, er war der disziplinarische Vorgesetzte der Vertriebsexperten. Und eine Vorgesetzte für die Fachexperten. Beide waren nicht Mitglied im Marktteam, aber beide hatten eine Idee davon, dass dieses Team noch viel mehr Potenzial besaß. Die beiden Manager haben den Empowerment-Prozess noch einmal neu angestoßen. In einem Meeting bearbeiteten wir die Teamroutine Reframing Authority. Ihre Botschaft an das Team war: Ihr bekommt viel mehr Freiräume, weil ihr dadurch euer Potenzial und Talent besser ausschöpfen könnt. Lasst uns darüber reden, wie ihr diese Freiräume nutzen wollt und was ihr dafür braucht. Nach anfänglicher Verunsicherung begann das Team, die Grenzen der eigenen Möglichkeiten zu verschieben. Es gab vermehrt Kreativmeetings zur Produktentwicklung oder taktische Meetings zur Vorbereitung von Kundenterminen. Die beiden Manager konzentrierten sich in ihrer Unterstützung darauf, psychologische Sicherheit zu schaffen und Rückendeckung für das Lernen zu geben. Sie haben das Team in erster Linie ermutigt, Neues auszuprobieren. Wenn etwas nicht klappte, haben sie als Coaches unterstützt und die Kritik von anderen Einheiten aus dem Unternehmen abgefedert. Das Team selbst hat in dieser Phase begonnen, mit OKR zu arbeiten. Die Methode kam ins Spiel, als ein Teammitglied fragte, was man als Team dieses Jahr erreichen wolle: »Was ist unser Anspruch an uns selbst?« Das Ergebnis der Teamdiskussion waren OKR, die in allen Meetingräumen als Ausdrucke an der Wand hingen. Aus dieser Phase nahmen wir alle die Erkenntnis mit, wie wichtig gute Führung für empowerte Teams ist. Führung im Sinne des Impulsgebers, jemand, der uns als Coach hilft und uns Mut macht in schwierigen Phasen. Jemand, der uns als Mensch vertraut und uns viel zutraut, sich deshalb aus den fachlichen Themen raushält – auch wenn er es vielleicht sogar besser könnte – und sich stattdessen darauf konzentriert, uns als Teammitglieder zu stützen und zu stärken.

Phase drei nennt das Team die agile Phase. Nachdem die Grundlagen geschaffen waren und das Team Freiräume nutzte und Selbstvertrauen geschöpft hatte, stand die Frage im Raum: Was kommt als Nächstes? Was hilft uns, weiter zu wachsen? Das war genau in der Phase, als agile Methoden modern wurden. Also entschied das Team, einige dieser Methoden auszuprobieren. Es folgte ein Moment der Ernüchterung. Das Team war erfolgsverwöhnt. Als es mit Scrum als agiler Projektmanagementmethode experimentierte, endete das in Frustration. Die Kanban Boards waren überfrachtet mit Post-its und keiner hatte mehr den Überblick. Die Weekly Meetings wurden als oberflächlich empfunden. Die neu eingeführten Retrospektiven waren inhaltsleer. Wieder saßen wir zusammen und überlegten, warum die sonst so gefeierte Methode hier nicht funktioniert? Wir fanden schnell heraus, dass wir erst Altes verlernen müssen, um Raum für Neues zu schaffen. Das Alte bestand in der Annahme, Methoden nach Lehrbuch durchführen zu können. Experten sagen uns, wie es geht und wir setzen brav um. Das Neue bestand darin, Methoden an die eigenen Bedürfnisse anzupassen. Ein Werkzeug wie Scrum muss uns dienen, nicht wir dem Werkzeug. Wir entschlackten die Kanban Boards und diskutierten, zu welchen Themen wir wirklich ein Weekly brauchen. Gerade bei der Retrospektive machten wir einen großen Schritt durch einen Perspektivwechsel. Statt zu fragen: »Geben wir uns Feedback gemäß der methodischen Vorgaben?«, wollten wir wissen: »Wozu möchten wir denn Feedback erhalten?«. Das öffnete die Tür zu relevanten Themen. Letztlich bestand darin auch das wohl größte Learning. Agile Methoden helfen empowerten Teams. Sie arbeiten dadurch schneller in iterativen Sprints, sie lernen schneller, sie experimentieren mehr. Doch der wesentliche Schritt nach vorne besteht in der Fokussierung. Empowerte Teams konzentrieren sich auf das Wesentliche, auf das, was relevant ist. Die Teams haben dadurch auch mehr Mut, das nicht Wesentliche wegzulassen.

In dem Telefonat, in dem mir das Team von seinem Auftritt während der Vertriebstagung berichtete, stellte ich noch eine Frage: »Was würdet ihr anderen Teams empfehlen, wenn ihr nur drei Sätze formulieren dürftet?« Die Antwort war deutlich: »Suche Leute, die Energie in das Team geben. Etabliere als Leitmotiv ›Leave your ego at home‹ und lebe im Team den Grundsatz ›Du musst es nicht richtig machen, du musst es nur machen.‹«

6.2 Daniels Geschichte

Das agile Experiment – wie eine Führungskraft Empowerment mit dem Team ermöglicht

Diese Geschichte handelt von zwei Teams in zwei unterschiedlichen Kontexten. Zugleich sind damit meine Erfahrungen in der Rolle der Führungskraft bzw. des Servant Leaders verknüpft. Sie zeigt, wie unterschiedlich weit man mit der Delegation von Verantwortung gehen kann und wie viel Empowerment in Folge in diesen beiden Teams erlebbar war. Der erste Teil erzählt von einem Start-up, mit dem ich gemeinsam den Weg von maximalem Empowerment in Form eines autonomen Teams ausprobieren und erleben konnte. Der zweite Teil der Geschichte handelt von einem empowerten Team in einem Großkonzern, das ich führen durfte. Das *Best of* aus beiden Erfahrungen und was wir alle daraus lernen können, teile ich am Schluss der beiden Geschichten.

In den Jahren 2013–2015 erhielt ich zusammen mit mehreren Kollegen in einer mittelständischen Unternehmensberatung die Chance, den Beratungsschwerpunkt Change Management und Transformationsbegleitung aufzubauen. Wir konnten in dieser Zeit durch viele erfolgreiche Projekte mit unseren Kunden unser Können und die positive Wirkung dieser Arbeit unter Beweis stellen. Die Geschäftsführung hat sich daraufhin entschlossen, uns als Team die Möglichkeit zu geben, mit einer eigenen Businessunit selbst am Markt Fuß zu fassen. Wir durften eigenständig über unsere Organisationsform und das Managementprinzip entscheiden. Zwar wurde Einzelnen im Team – unter anderem mir – Prokura eingeräumt. Wir haben uns dennoch von Beginn an darauf verständigt, das Experiment der radikalen Selbstorganisation als autonomes Team zu wagen und auf Hierarchien jeglicher Art zu verzichten. Niemand war dem anderen gegenüber weisungsbefugt. Es lag an uns selbst zu zeigen, dass diese Form des maximalen Empowerments tatsächlich funktionieren kann.

Zugegebenermaßen war der Anfang holprig. Wir waren ein Stück weit naiv und hatten die feste Überzeugung, dass wir als Team alles im Konsens entscheiden sollten. Wir mussten jedoch feststellen, dass dies einige Prozesse immens verlangsamte und sogar die Qualität unserer Arbeit senkte, da zu viele faule Kompromisse entstanden. Zugleich war die Erfahrung hilfreich, sich zu fokussieren und sich darüber bewusst zu werden, worauf es wirklich ankam. Eine Vielzahl dieser im Buch beschriebenen Teamroutinen wurden sukzessive Teil unserer täglichen Arbeit. Mit der resultierenden Klarheit und Entscheidungsfähigkeit im Team

6

trauten wir uns, immer mehr Dinge auszuprobieren, die vorher undenkbar gewesen waren.

Wir schafften beispielsweise Beschaffungs- und Zeichnungsgrenzen vollkommen ab. Jeder im Team durfte sich bezogen auf IT-Ausstattung und Betriebsmaterial kaufen, was er für nötig erachtete. Sogar beim Dienstfahrzeug durfte jeder bestellen, was er wollte. Und nein – niemand hat sich daraufhin den Traumdienstwagen bestellt, der Unsummen kostet. Sichergestellt haben wir das durch eine einfache Methode – den konsultativen Einzelentscheid. Man durfte zwar alles alleine entscheiden, bezogen auf Beschaffungen wie IT und Dienstwagen musste man jedoch das Feedback der Kollegen einholen. Dies hat automatisch zu einer Regulierung geführt.

Selbst bei der Einstellung neuer Kollegen gingen wir schnell so weit, dass wir Bewerbern selbst überließen, ihr Gehalt festzulegen. Sie meinen, das ist doch verrückt oder gar betriebswirtschaftlicher Wahnsinn? Wir haben die Erfahrung gemacht, dass alle Neueinstellungen sich am Ende weniger Gehalt zugestanden haben, als wir bereit gewesen wären, für die Position zu bezahlen. Dies war möglich, da wir Bewerbern im zweiten Gespräch offen und transparent darlegten, was jeder Einzelne im Team verdient, welche Rollen man hat und welche Arbeit und Verantwortung damit einhergeht. Natürlich haben wir bei der Einstellung dann das Gehalt bezahlt, was wir uns vorab überlegt hatten – eine sehr positive Überraschung für die neuen Teammitglieder.

Wir haben sogar niemanden im Team dazu verpflichtet, an Projekten mitzuarbeiten. Alle durften ihre Arbeitszeit selbst bestimmen und die Anzahl Urlaubstage nehmen, die sie wollten. Im Gegenzug hatten wir als Team eine maximale Transparenz über unsere Finanzkennzahlen auf Wochenbasis. Wir wussten somit sehr genau, was jeder sich »leisten« konnte und was nicht. In Summe hat es überraschenderweise zum Gegenteil dessen geführt, was man erwarten würde: Wir haben uns alle viel zu wenig Urlaub eingeräumt, was jedoch der Motivation und Lust auf die Arbeit keinerlei Abbruch tat. Als Konsequenz haben wir uns als Team gegenseitig zwangsverpflichtet, Urlaub zu nehmen.

Über zwei Jahre hinweg konnten wir viele Erfolge feiern. Jedoch hatte all das auch seinen Preis. Während dieser Zeit waren enorme Überstunden der Alltag und fast niemand hatte eine ausgewogene Work-Life-Balance. Das lag vor allem daran, dass wir uns immer und immer weiter angetrieben haben, die radikalste Form des autonomen Teams in kürzest möglicher Zeit zu erreichen. Eine hohe Teamdynamik, ein hoher Druck und auch ein immenser Stress waren allgegenwärtig. Schließlich mussten das Kundengeschäft und gleichzeitig unsere eigene Organisation immer neue Stufen der Agilität und des autonomen Teams erklimmen. Aus meiner Sicht ist dies mit der Hauptgrund, weshalb das Team sich Ende 2017 auflöste.

Doch ist nicht oftmals Scheitern auch eine Chance? Ich beantworte diese Frage klar mit einem Ja. Als ich 2017 Vater wurde, nahm ich meine mehrmonatige Elternzeit zum Anlass, neue Wege zu gehen und das Angebot als Führungskraft für die Change Inhouse Consultancy in einem Dax-Konzern anzunehmen. Sofort stellte sich mir die Frage, welcher Grad an Empowerment hier durch das Team bereits gelebt wurde. Vor allem aber interessierte mich, was fortan noch möglich sein würde auf unserer von nun an gemeinsamen Reise.

Direkt mit Beginn meiner Arbeit im neuen Umfeld wurde mir klar, wie sehr mich die Zeit zuvor tatsächlich geprägt hatte. Ich habe sehr bewusst in meiner Führungsrolle im Konzern bereits zu Beginn die Teamroutinen eingeführt, die mir am wichtigsten waren. Was zuvor in unserem autonomen Team so schwerfällig in der Erarbeitung war, wirkte leichter und konnte jetzt sehr schnell von den Teammitgliedern angenommen und mit Leben gefüllt werden. Natürlich konnten wir in einem Großkonzern nicht so weit gehen, Gehälter selbst festlegen zu lassen, unbegrenzt Urlaub zu nehmen oder Bestellgrenzen außer Kraft zu setzen. Dafür fanden sich unzählige andere Möglichkeiten, Verantwortung als Teammitglied anzunehmen und zu leben. Die Einführung von täglichen Stand-ups schaffte schnell einen umfassenden Informationsgrad innerhalb des Teams, der zu einem höheren Austausch und einer besseren Team- und Beziehungsdichte führte. Unterstützung innerhalb des Teams war in einem höheren Grad möglich. Ein Interesse an Best Practice Sharing resultierte daraus und Ad-hoc-Meetings zum intensiven Austausch und Voneinanderlernen waren das Resultat. Über Kanban Boards wurden schnell die Verantwortlichkeiten innerhalb des Teams klar. So konnten wir zielgerichteter neue Leistungen für die Organisation entwickeln. Das waren unsere OKR. Bezogen auf mehrere Monate haben wir jenseits unserer operativen Arbeit der Organisation neue Unterstützungsleistungen zur Erfüllung unseres Purpose und unserer Mission angeboten. So konnten wir gemeinsam mit einem kleinen Team deutlich höhere Wirkungsgrade in der Organisation realisieren und mit den von uns verantworteten Themenstellungen eine hohe Nachfrage an unseren Leistungen generieren. Unsere

Dienstleistungen und unsere Produkte wurden umfassender abgerufen und genutzt.

Was lerne ich aus den unterschiedlichen Rollen als Servant Leader eines autonomen Teams und Leader eines empowerten Teams in einer globalen Organisation?

Meine Erfahrung zeigt mir, dass es überhaupt nicht darum geht, die Selbstorganisation oder Autonomie eines Teams aus reinem Selbstzweck zu erreichen. Viele Teams sind mit diesem Zustand sogar oftmals überfordert. Wir waren es zumindest. Gerade die ersten Monate als autonomes Team in der Beratung – der erste Teil meiner Geschichte – waren unglaublich anstrengend. Und dies insbesondere aus dem Grund, weil wir uns viel zu schnell auf die Reise begaben. Unser Weg war zugleich zu radikal und kräftezehrend. Teammitglieder mussten faktisch über Nacht in ihre neuen Rollen hineinwachsen. Die Macht wurde außerdem zu schnell ins Team abgegeben. Gleichzeitig wollten wir immer mehr ausprobieren und immer weiter ein noch autonomeres Team sein, ohne dass sich Zwischenstände wirklich einpegeln konnten. Das hat enorm viel Energie gekostet und das System geschwächt.

Es ist zugleich eine Beobachtung, die ich als Berater bei vielen anderen Teams machen konnte: Sie wollen zu schnell zu viel auf ihrer Empowerment-Reise. Die Teams wollen schnell mehr Verantwortung haben, die Führungskräfte diese schnell abgeben. Und durch die Abgabe von zu viel Macht als Führungskraft entsteht ein Vakuum. Viele Teams wissen gar nicht, wie sie dieses füllen sollen, dürfen und können. Auch für Führungskräfte entsteht dadurch ein Problem. Geben sie am Anfang zu schnell zu viel aus der Hand, dann wird es schwierig, das Team wieder zu stabilisieren. Zu vieles wird in einem solchen Fall diskutiert und verhandelt und die Teams stolpern in die Konsensfalle.

Der Vorteil liegt somit eindeutig darin, den Weg in Teams hin zu mehr Empowerment langsam und iterativ zu gestalten. Der in dem Kapitel Reframing Authority (siehe Kap. 3.2) aufgeführte Workshop zu »Strukturellem Empowerment« ist aus meiner Sicht der klare Schlüssel zum Erfolg. Geben Sie als Führungskraft nicht bei allen Themenstellungen jegliches Veto unnötig aus der Hand. Und fordern Sie als Teammitglied nicht gleich vollkommene Entscheidungsfreiheit und Mitbestimmung zu sämtlichen Aspekten. Überfordern Sie sich als Team nicht! Die Führungskraft sollte zu Beginn weiter zahlreiche Steuer- und Eingriffsmöglichkeiten behalten – insbesondere bei der Gestaltung und Bewertung der Teamroutinen.

Eines ist meine absolute Grundüberzeugung: Alle Teams können diesen Weg des Empowerments gehen, wenn sie es wollen und es sich zutrauen. Dabei werden die ganz von selbst innerhalb des Prozesses im Team den Grad finden, der zu ihnen passt. Der Findungs- und Gestaltungszeitraum wird daher nicht nur wenige Wochen dauern, sondern kann mitunter Monate oder Jahre brauchen. Also lassen Sie uns alle einen Schritt nach dem anderen gehen, so wie wir es als Menschen in unserer Entwicklung auch gewohnt sind.

6.3 Steffis Geschichte

Wie wir unsere Empowerment Learning Journey gestalten und die Herausforderungen der Umsetzung meistern

Diese Geschichte erzählt von der Empowerment Learning Journey und davon, wie es gelingen kann, in kleinen Schritten agile Arbeitsweisen in einem hierarchischen Kontext zu etablieren und damit die Empowerment-Reise eines Teams zu starten.

Für die meisten Organisationen, Teams und Mitarbeiter ist klar, dass sie in ihrer Zusammenarbeit dynamischer werden müssen und Empowerment dabei eine zentrale Rolle spielt. Gerade die Corona-Pandemie hat uns gezeigt, wie wichtig es ist, sich von heute auf morgen auf eine komplett neue Situation einzustellen.

Seit 2019 führe ich Learning Journeys zum Thema »Empowerment for Teams« durch. Hier nehmen Mitarbeiterinnen und Managerinnen teil, die lernen wollen, wie sie Empowerment im Team konkret gestalten können. Ziel dieser Journey ist es, eine gemeinsame Sprache zu Empowerment zu entwickeln, Methoden und Tools kennenzulernen und damit Teams bei dem Schritt in Richtung Empowerment zu unterstützen. Die virtuelle Learning Journey besteht aus sieben interaktiven Workshops zu den verschiedenen Arbeitsweisen und den Empowerment-Prinzipien, wie sie auch auf unserer Empowerment-Landkarte abgebildet sind. Um das Lernen und die Umsetzung des Gelernten in der Praxis möglichst gut zu unterstützen, setzen wir bei Learning Journeys auf die folgenden Aspekte:

- *Verstehen:* Neue Inhalte, Methoden und Werkzeuge werden kognitiv verstanden – z.B. die Empowerment-Prinzipien oder die Methode des konsultativen

Einzelentscheids, um eine neue Form der Entscheidungsfindung im Team zu etablieren.

- *Experimentieren:* Im Workshop besteht ein sicherer Rahmen, in dem sich die Teilnehmenden trauen, Dinge anzusprechen, neue Methoden und Unbekanntes auszuprobieren, Fehler zu machen etc., ohne Angst vor negativen Konsequenzen. So erarbeiten die Teilnehmenden beispielsweise auf der »Empowerment for teams Learning Journey« Mission und Purpose für ihr aktuelles oder ein vergangenes Team oder experimentieren mit Kanban Boards.
- *Reflektieren:* Gemachte Erfahrungen werden allein oder in der Gruppe analysiert und diskutiert, um so den Transfer zu unterstützen und Verbesserungsideen abzuleiten.
- *Anwenden:* Letztendlich geht es darum, dass neu Gelerntes in der Praxis zum Einsatz kommt und der Transfer sichergestellt wird. Dies wird bereits im Workshop vorbereitet und geplant, um so den Schritt in die Praxis zu erleichtern. Hierbei spielen Aktionspläne, Learning Buddies und auch Follow-up-Veranstaltungen in Form kollegialer Beratung eine wichtige Rolle.

Trotz all der methodisch-didaktischen Vorbereitungen und Überlegungen liegen zwischen dem Verstehen, Lernen und Ausprobieren im Rahmen einer Learning Journey und dem Umsetzen in der Realität oft Welten. Die Veränderung und Weiterentwicklung herkömmlicher Arbeitsweisen gehen nicht selten mit zahlreichen Hürden und Herausforderungen einher – menschlichen und organisationalen. Besonders deutlich wird das immer am Ende der Empowerment for Teams Learning Journey: Ich erlebe an dieser Stelle regelmäßig hoch motivierte Führungskräfte und Mitarbeitende, die das Erlernte im eigenen Team umsetzen und nutzen möchten. Nach anfänglicher Euphorie stellt sich dann allerdings häufig Ernüchterung ein und die folgenden Fragen erschweren die unmittelbare Umsetzung des Gelernten:

- Was tun, wenn mich meine Führungskraft bei der Umsetzung nicht unterstützt?
- Wie kann ich vorgehen, wenn meine Kolleginnen und Mitarbeitenden an vorhandenen Arbeitsweisen festhalten und sich gegenüber Neuem verschließen?
- Kann ich es wirklich wagen, Neues auszuprobieren? Ich bin mir nicht sicher, ob es funktioniert.
- Der erste Versuch ist misslungen und hat zu keiner Verbesserung geführt. Was mache ich nun? Kann ich einen weiteren Versuch wagen?

Wie können wir nun die Herausforderungen der Anwendung meistern? Häufig ziehen eben nicht (von Anfang an) alle an einem Strang – ganz im Gegenteil, manchmal sind es Einzelpersonen, die an das Thema Empowerment glauben und sich dann mit der Umsetzung im Team schwertun. Für all diese Fälle gibt es nicht die *eine* Lösung; viel zu sehr spielen dann u. a. das Tätigkeitsfeld des Teams, die Unternehmenskultur, die bisherigen Arbeitsweisen im Team eine Rolle. Gleichzeitig zeichnen sich sowohl in der Begleitung diverser Teams in internationalen Großkonzernen als auch in mittelständischen Unternehmen verschiedener Branchen unterschiedliche Branchenmuster ab, die ich hier gerne teile.

Immer dann, wenn das Umfeld (Führungskräfte, Kolleginnen) nicht so mitzieht, ist es einerseits wichtig, intensiv in den Austausch zu gehen und ein gemeinsames Verständnis zum Thema Empowerment und Agilität zu entwickeln. Andererseits ist es hilfreich, die Empowerment-Reise eines Teams als Teamentwicklungsprozess zu sehen – wie wir dies auch in Kapitel 2.3 »Die Team-Empowerment-Landkarte – Wie Sie die Teamentwicklungsreise starten« beschrieben haben. Je nach Ausgangssituation des Teams gilt es dann, sich über Bedürfnisse und Ansichten auszutauschen, sich den Argumenten und Befindlichkeiten der Kolleginnen und Führungskräfte anzunehmen und gemeinsame Prinzipien der Zusammenarbeit zu entwickeln. Dies trägt auch dazu bei, Vertrauen im Team zu entwickeln – als wesentliche Voraussetzung für das Ermöglichen und Unterstützen von Veränderungen.

Früher oder später ist es dann aber für alle wichtig, Empowerment zu erfahren und zu erleben, anstatt rein theoretisch darüber zu sprechen. Gerade dann, wenn sich Mitarbeitende nicht sicher sind, ob Empowerment wirklich funktionieren wird, empfehle ich gerne die Durchführung eines Piloten, um so im Kleinen eine erste reale Erfahrung zu machen.

Zwei meiner Empowerment-for-Teams-Teilnehmer, Eva und Martin, schilderten mir, wie sie im Rahmen ihres Teams eine Möglichkeit sahen, ihre Empowerment-Reise zu starten. Sie betonten dabei regelmäßig, wie hilfreich es war, dass sie zu zweit waren: Sie konnten Dinge intensiv diskutieren, hatten ein ähnliches Verständnis der Thematik und konnten sich auch bei der Umsetzung im Team unterstützen.

Eva und Martin arbeiten beide in einem Schadenverwaltungsteam einer Rückversicherung. Das Team hatte zwei Herausforderungen:

6

- Vertretungen haben nicht gut funktioniert, weil die Mitarbeiter zu sehr auf ihre jeweiligen Märkte fokussiert waren. Die meisten Mitarbeitenden hatten seit Jahren die gleichen Märkte bearbeitet und fühlten sich damit auch sehr wohl. Der Einblick in die weiteren Tätigkeiten des Teams als auch die anderen Märkte war nicht gegeben.
- Gleichzeitig beklagten sich einige Mitarbeitende über Weiterentwicklungsmöglichkeiten innerhalb des Teams. Lisa bearbeitete beispielsweise seit drei Jahren den deutschen Markt. Ihre Tätigkeit macht ihr nach wie vor viel Spaß, gleichzeitig wollte sie aber Neues lernen und ihr Wissen erweitern. Bislang hatte sie aufgrund der starren Arbeitsverteilung in ihrem Team keine Möglichkeit dafür gesehen.

Eva und Martin sahen eine Chance darin, diese beiden Herausforderungen ihres Teams mit Flexible Roles in den Griff zu bekommen. Sie erklärten das Konzept, gingen mit den Kollegen in den Austausch und konnten im Konsens mit dem Team entscheiden, Flexible Roles in einem Piloten für vier Monate zu testen. Das, was hier zum Lesen so einfach klingt, war in der Realität nicht trivial – es gab gerade anfänglich große Skepsis seitens der Kollegen. Ein Teil des Teams fühlte sich von Eva und Martin schlichtweg überrumpelt und fragte sich, warum die beiden das Thema an sich rissen. Anderen fehlte wiederum das Verständnis für die Methodik – sie fühlten sich in gewisser Weise outdated und von Eva und Martin abgehängt. Eine dritte Gruppe, zu der auch der langjährige Mitarbeiter Hannes gehörte, wehrte sich anfangs vehement. Mit der Begründung, dass er schon viele Veränderungen erlebt habe, inzwischen keine Lust mehr darauf habe und Themen wie Empowerment und Agilität doch eh nur ein (hoffentlich) schnell vergehender Hype seien. Trotz all dem Gegenwind schafften es Eva und Martin nach regelmäßigen, intensiven Gesprächen, dass sich das Team im Konsens für die Einführung flexibler Rollen im Rahmen eines Piloten zu entschieden.

Eva und Martin hielten sich bei der Einführung von Flexible Roles an die in Kapitel 3.3 »Flexible Roles – wer trägt welchen Hut?« beschriebene Vorgehensweise. Einmal pro Monat wurde– mit Hilfe von Start – Stop – Continue – ein Review durchgeführt, um Probleme rechtzeitig zu erkennen und nachjustieren zu können. Anfangs traten im Team noch öfter Befindlichkeiten auf, da sich Einzelne mit ihren neuen Rollen ungerecht behandelt fühlten oder Schnittstellen mehrerer Rollen unbeachtet blieben. Schritt für Schritt verbesserte sich das Team jedoch und die positive Resonanz wurde größer. Stimmen wie »So viel wie in den letzten zwei Monaten habe ich schon lange nicht mehr gelernt«, »Die Bearbeitung des neuen Marktes hat mich darauf gebracht, wie ich in meinem Markt Abläufe optimieren kann«, »Wenn ich aus dem Urlaub zurückkomme, habe ich ja dieses Mal gar nicht so viel auf dem Tisch«, wurden immer lauter. So war es gar nicht so überraschend, dass sich das Team nach Ablauf der vier Monate für den weiteren Einsatz von Flexible Roles entschied. Das Team vereinbarte, zukünftig nicht mehr als 20 % pro Person flexibel zu gestalten – zu viel Veränderung hatte in den ersten vier Monaten häufig zu Chaos geführt. Es legte weiterhin fest, die Rollen zukünftig quartalsweise zu verhandeln, wobei der Zeitrahmen bei Bedarf angepasst werden konnte. Um das Team gut im Blick zu haben und schnell reagieren zu können, vereinbarte das Team regelmäßige Retrospektiven. Über den viermonatigen Piloten konnte das Team somit einen ersten Schritt in Richtung Empowerment gehen. Von hier aus hieß es dann, in kleinen Schritten weiterzumachen.

Was kann also helfen, den ersten Schritt zu machen, auch wenn die Rahmenbedingungen (noch) nicht optimal sind? Zur Beantwortung dieser Frage greife ich auf einige unserer Prinzipien zurück, die vor allem zu Beginn einer Empowerment-Reise besonders wichtig sind:

- *Psychologische Sicherheit:* Piloten, die ein erstes Ausprobieren in einem geschützten Rahmen ermöglichen, reduzieren das Risiko und unterstützen das Lernen. Kleine Testballons können dabei helfen herauszufinden, ob ein Weg gangbar ist. Ein missglückter Testballon ist dabei nicht als Fehlschlag zu bewerten, sondern als wertvolle Information, aus der das Team weiter lernen kann.
- *Fail Fast – Learn Fast:* Das Arbeiten in kurzen Zyklen erlaubt ein flexibles Reagieren auf Veränderungen. Darüber hinaus können so Ergebnisse schnell sichtbar gemacht werden: Dies erlaubt kontinuierliche Anpassung und dient der Motivation.
- *Growth Mindset:* Regelmäßiges Feedback hilft, im Prozess zu lernen und nicht erst dann, wenn es zu spät ist. Feedback sowohl zu den Inhalten als auch zur Zusammenarbeit helfen, Fehler oder Fehlentwicklungen frühzeitig zu erkennen und gemeinsames Lernen zu ermöglichen.
- *Eigenverantwortung:* Last but not least braucht es oft auch einfach eine gute Portion Mut, Verantwortung zu übernehmen und den ersten Schritt zu wagen. Veränderung geht meist mit dem Verlassen der Komfortzone einher. Eine Haltung, die jede Erfahrung, die Bearbeiten von Herausforderungen und auch Misserfolge als Möglichkeit für Lernen und Weiterentwicklung sieht, hilft

6

dabei, mutig einen Schritt in Richtung Empowerment zu gehen – auch wenn nicht alles gleich beim ersten Mal zum gewünschten Erfolg führt. Frei nach dem Motto: The best way to find out if it will work is to do it.

Wir wünschen Ihnen als Team viel Erfolg beim Erkunden Ihrer ersten Schritte und hoffen, mit diesem Buch einen Beitrag zur Inspiration und Unterstützung geleistet zu haben.

Das Autorenteam

Dominik Bachmair ist Managing Partner der Unternehmensberatung Consulting Impact. Seit mehr als 20 Jahren berät er Menschen und Organisationen, wie sie fit werden für die Arbeitswelt von heute und morgen. Er begleitet Führungskräfte und Teams als Coach in ihren Veränderungsprozessen. Nach seinem Beginn als Journalist beim Bayerischen Rundfunk, bei Pro Sieben und Bertelsmann entschied er sich in den frühen 2000er Jahren, in den Bereich der Organisationspsychologie zu wechseln. Er ist systemischer Coach, Konfliktmediator, Changemanager und Organisationsentwickler. Dominik Bachmair hat einen Magister in Amerikanistik und Geschichte der Ludwig Maximilians Universität München und einen Master in Organisationspsychologie der Donau Universität Krems.

Dr. Stephanie Metz ist Partnerin der Unternehmensberatung Consulting Impact. Sie ist Expertin für Learning und Development, agile Transformation sowie Teamentwicklung. Sie hat über zehn Jahre die Personalentwicklung der BSH geprägt und unter anderem die Corporate Academy geleitet. Stephanie Metz arbeitet an der Kombination aus agilen Methoden, Anwendungsorientierung und vor allem virtuellen Arbeitsformen. Stephanie Metz ist systemische Beraterin, Scrum Master, Agile Coach und Kan Ban Management Professional. Sie hat einen M.A. sowie einen Doktor für Pädagogik der Ludwig Maximilians Universität München. In ihrer Promotion hat sie E-Learning-Konzepte evaluiert und Handlungsempfehlungen umgesetzt.

Daniel Zacher ist Partner der Unternehmensberatung Consulting Impact. Er ist Experte für Leadership, Change und agile Transformation. Seit über 15 Jahren ist er als Berater tätig und hatte Führungsaufgaben sowie die unternehmerische Verantwortung in Beratungshäusern. Als Leiter der Abteilung Changemanagement hat er die Transformation eines global agierenden deutschen Technologiekonzerns mitgestaltet. Er begleitet Teams und Unternehmen in der Transformation zu mehr Agilität und Selbstorganisation. Er verbindet traditionelle Elemente der Unternehmenssteuerung mit innovativen Ansätzen. Daniel Zacher ist systemischer Coach, Teamcoach und ausgebildet in den Methoden Design Thinking und Leadership Effectiveness Analysis. Er hat ein Diplom in Wirtschaftswissenschaften der Universität der Bundeswehr München sowie einen Master in Organisations- und Personalentwicklung der Universität Erlangen Nürnberg.

Stichwortverzeichnis